网络工程综合实践

温　卫　编著

西南交通大学出版社
·成　都·

图书在版编目（CIP）数据

网络工程综合实践 / 温卫编著. —成都：西南交通大学出版社，2020.3

ISBN 978-7-5643-7380-1

Ⅰ. ①网… Ⅱ. ①温… Ⅲ. ①网络工程 Ⅳ. ①TP393

中国版本图书馆 CIP 数据核字（2020）第 036025 号

Wangluo Gongcheng Zonghe Shijian

网络工程综合实践

温 卫 编著

责任编辑 梁志敏
封面设计 GT 工作室

出版发行 西南交通大学出版社
（四川省成都市金牛区二环路北一段 111 号
西南交通大学创新大厦 21 楼）
邮政编码 610031
发行部电话 028-87600564 028-87600533
网址 http://www.xnjdcbs.com
印刷 四川森林印务有限责任公司

成品尺寸 185 mm × 260 mm
印张 7.75
字数 194 千
版次 2020 年 3 月第 1 版
印次 2020 年 3 月第 1 次
定价 28.00 元
书号 ISBN 978-7-5643-7380-1

前　言

网络工程专业以培养“基础扎实、适应面广、实践能力强、富有创新精神和创业能力”的应用型创新人才为目标，注重借鉴国内外先进的教学理念，结合学校办学定位、学科特色和服务对向等，形成了本专业的培养理念、专业特色。目前急需一本适合培养网络工程实用型人才的实验教材，使本专业及相关专业的本科生全面掌握当前我国网络系统集成的主要技术和设备情况，为培养未来该专业的应用型人才提供辅助。本教材的特色：

（1）教材中的企业网路由器和交换机的基本配置采用最新 H3C 网络设备配置命令，网络服务器的配置采用 Windows 2003 Server 版本，使学生毕业后能快速适应实际工作，独立完成企业网或校园网的规划和设计。

（2）按照国内最新的标准《综合布线系统工程设计规范》（GB50311—2007）、《综合布线系统工程验收规范》（GB50312—2007）编写，实验内容结合了我国综合布线企业当前及今后一段时期主要业务的实际需要，反映了现代综合布线领域的最新技术和成果。

（3）以本科院校网络工程专业学生为主要使用对象，力图从网络工程实用性出发，把学生带入最新的应用技术领域，编写中注重实际操作和实际应用，以提高学生对网络工程的综合运用能力。

全书共三章，具体内容如下：

第一章：企业网路由器和交换机的配置。包括网络设备基本操作、PPP、ARP、DHCP、FTP、HDLC、VLAN、STP、链路聚合、直连路由和静态路由、RIP 路由、OSPF、ACL、IPSec、NAT 等 15 个实验。

第二章：网络服务器的配置。包括 Windows server 2003 的安装、安装活动目录、DNS 服务器的安装与配置、DHCP 服务器的安装与配置、IIS 的安装与配置 WWW 服务器、FTP 服务器的安装与配置、邮件服务器的安装与管理、视频服务器的安装与配置等 8 个实验。

第三章：综合布线工程实训。包括超 5 类双绞线 RJ-45 水晶头的制作，端接模块，110 型配线架的电缆端接，双绞线敷设和超 5 类配线架压接，布线通道的组合安装，各种线缆、光缆的敷设布放，设备机架安装及光、电缆的终端固定，光纤的接续，综合布线系统测试，光缆的测试，使用 Visio 绘制布线图，综合布线系统的方案设计与投标制作等 12 个实验。

本书的编著受到校级本科教学质量工程项目资助（编号：XZG-17-05-59）。

对于本书学习中遇到的问题，可通过 E-mail:wenwei_jxust@126.com 与作者联系。

由于作者理论水平和实践经验有限，书中难免存在不足之处，敬请读者批评指正。

编　者

2019 年 11 月

于江西理工大学

目　录

第一章　企业网路由器和交换机的配置

实验一　网络设备基本操作

【实验目的】

（1）熟悉网络设备的各种登录方式。
（2）熟悉配置网络设备的基本命令。

【实验设备及器材】

计算机 1 台，路由器（交换机）1 台，配置线 1 根，网线 1 根。

【实验内容和步骤】

一、通过 Console（控制台）登录

本实验的主要任务是学习线缆连接并通过 Console 进行设备配置。实验前请保证路由器（交换机）的所有配置已经清空。

1. 连接配置线缆（见图 1.1）

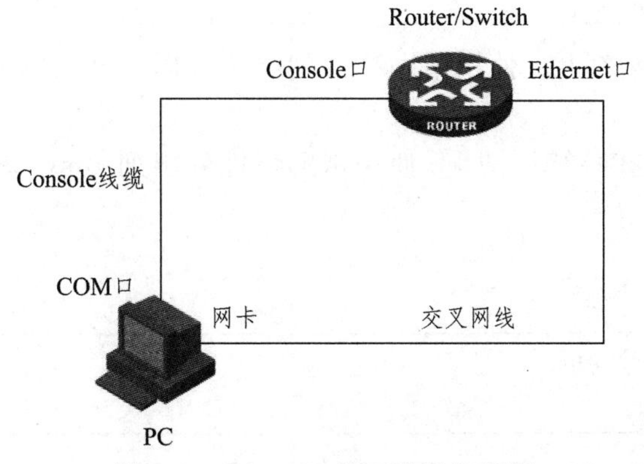

图 1.1　Console 端口登录组网图

2. 启动个人计算机（PC），运行超级终端

在 PC 桌面上运行“开始”→“程序”→“附件”→“通信”→“超级终端”。任意

填入一个名称，点击“确定”，出现 COM 口属性配置窗口（见图 1.2）设置速率为 9 600 b/s、8 位数据位、1 位停止位、无奇偶校验和无流量控制。图 1.3 是超级终端界面。

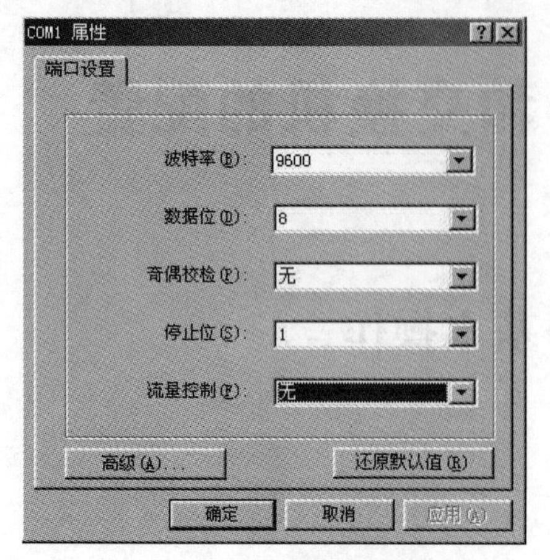

图 1.2 COM 口属性配置

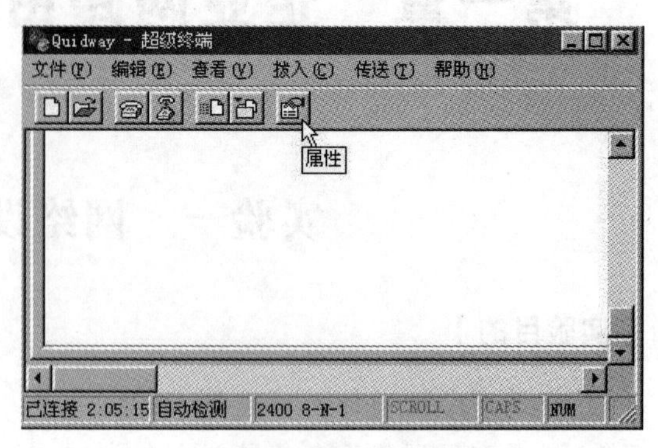

图 1.3 超级终端界面

3. 进入 Console 配置界面

在 Console 配置界面中，默认视图为用户视图，用户视图的提示符为<系统名>。

二、使用系统操作及文件操作的基本命令

1. 进入系统视图

执行“system-view”命令进入系统视图。系统视图的提示符为[系统名]。执行“quit”命令可以从系统视图切换到用户视图。

2. 使用帮助特性补全命令

```
s?            sysname ?
```

“s?”表示在系统视图下，使用帮助特性列出所有以 s 开头的命令，并记录所看到的前三个命令。

“sysname ?”表示在系统视图下，使用帮助特性列出列出 sysname 命令后可以输入的关键字和参数。

3. 更改系统名称

```
[H3C]sysname YourName
[YourName]
```

将系统名称改为 YourName。

4. 更改系统时间

```
[YourName]display clock
```

```
17:28:07 UTC Mon 09/08/2008
[YourName]quit
<YourName>clock datetime 10:20:30 10/01/2008
<YourName>display clock
10:20:32 UTC Wed 10/01/2008
```

在用户视图和系统视图均可查看当前系统时间，在用户视图下用“clock datetime”修改系统时间。

5. 显示系统运行配置

```
<YourName>display current-configuration
<Space>  <Enter>  <Ctrl+C>
```

“display current-configuration”命令显示当前运行的配置，<Space>键可以继续翻页显示，<Enter>键可以继续翻行显示，<Ctrl+C>键可以结束显示。

6. 显示保存的配置

```
<YourName>display saved-configuration
```

此时尚未保存配置，因此不存在 saved-configuration。

7. 保存配置

默认配置文件名通常为 startup.cfg，某些版本为 config.cfg。

```
<YourName>save
The current configuration will be written to the device. Are you sure? [Y/N]:
Please input the file name(*.cfg)[cf:/startup.cfg]
(To leave the existing filename unchanged, press the enter key):
Validating file. Please wait...
Now saving current configuration to the device.
Saving configuration cf:/startup.cfg. Please wait...
.
Configuration is saved to cf successfully.........
<YourName>save
The current configuration will be written to the device. Are you sure? [Y/N]:y
Please input the file name(*.cfg)[cf:/startup.cfg]
(To leave the existing filename unchanged, press the enter key):
cf:/startup.cfg exists, overwrite? [Y/N]:y

Validating file. Please wait...
Now saving current configuration to the device.
```

```
Saving configuration cf:/startup.cfg. Please wait...
.
Configuration is saved to cf successfully.
```

由于执行了“save”命令，保存配置与运行配置一致。

8. **删除和清空配置**

```
[YourName]undo sysname


<YourName>reset saved-configuration
The saved configuration file will be erased. Are you sure? [Y/N]:y
Configuration file in cf is being cleared.
Please wait ...
........
  Configuration file in cf is cleared.
<YourName>reboot
   Start to check configuration with next startup configuration file, please wait
......
   This command will reboot the device. Current configuration may be lost in next
startup if you continue. Continue? [Y/N]:Y
```

在用户视图下，“reset saved-configuration”命令清空保存配置，“reboot”命令重启设备。

9. **显示文件目录**

```
<YourName> pwd
cf:

<YourName>dir
Directory of cf:/

    0    drw-           -    Jan 19 2007 18:26:34    logfile
    1    -rw-   16337860    Aug 03 2007 17:59:36    msr30-cmw520-r1206p01-si.bin
    2    -rw-        739    Oct 01 2008 10:15:54    startup.cfg

249852 KB total (221648 KB free)

File system type of cf: FAT32
```

“pwd”命令显示当前路径，“dir”命令显示当前路径上的所有文件。

10. 显示文本文件内容

显示文本文件内容使用“more”命令。

11. 改变当前工作路径

改变当前工作路径使用“cd”命令。

12. 文件删除

文件删除使用“delete”命令。

注意：虽然删除了文件，但是在删除该文件前后，CF（Compact Flash）卡的可用内存空间却没有变化，这是因为使用“delete”命令删除文件时，被删除的文件被保存在回收站中，仍会占用存储空间。如果用户经常使用该命令删除文件，则可能导致设备的存储空间不足。要彻底删除回收站中的某个废弃文件，必须在文件的原归属目录下执行“reset recycle-bin”命令，才可以将回收站中的废弃文件彻底删除，以回收存储空间。

可用“dir/all”命令显示隐藏文件、隐藏子文件夹，以及回收站中的原属于该目录下的文件的信息，回收站里的文件会以方括号“[ ]”标出。

三、通过 Telnet 登录

1. 通过 Console 口配置 Telnet 用户

```
[YourName]local-user test
[YourName-luser-test] password simple 12345
[YourName-luser-test] service-type telnet
[YourName-luser-test] authorization-attribute level 0
[YourName-luser-test] quit
```

在系统视图中创建用户 test，登录时认证密码为 12345，服务类型为 telnet,授权等级为 level 0。

2. 配置 super 口令

```
[YourName] super password   level 3 simple H3C
```

“super”命令用于切换到等级 level 3。

3. 配置登录欢迎信息

```
[YourName]header login
Please input banner content, and quit with the character '%'.
Welcome to H3C world!%
[YourName]
```

4. 配置对 Telnet 用户使用默认的本地认证

```
[YourName]user-interface vty 0 4
[YourName-ui-vty0-4]authentication-mode scheme
```

认证模式为 Scheme。

5. 进入接口视图，配置以太口和 PC 网卡地址

```
[YourName]interface GigabitEthernet 0/1
[YourName-GigabitEthernet0/1]ip add 192.168.0.1 255.255.255.0
[YourName-GigabitEthernet0/1]
```

6. 打开 Telnet 服务

```
[YourName]telnet server enable
% Telnet server has been started
```

7. 使用 Telnet 登录

```
telnet 192.168.0.10
```

由于此时登录用户处于访问级别，所以只能看到并使用有限的几个命令。同时，超级终端上会有如下信息显示，表明源 IP 为 192.168.0.10 的设备远程登录到路由器上。

```
<YourName>
%Oct   2 10:27:13:325 2008 YourName SHELL/4/LOGIN: test login from 192.168.0.10
```

8. 更改登录用户级别

```
super 3
```

这时能使用的命令明显多于之前级别为 level 0 时的能使用的命令。

9. **保存配置、重新启动**

保存配置，重新启动需要使用“save”和“reboot”命令。

四、使用 TFTP 上传或下载系统文件

本实验以 3CDaemon 程序作为 TFTP 的服务器端。实际上任何支持 TFTP 服务的程序均可以使用。

1. **启动 TFTP 服务器端程序**

在 PC 上安装 3CDaemon 程序，对其设置 TFTP Server 参数。选择当前用于上传和下载的本地目录，在此目录下创建一个文本文件，命名为 mysystem.sys。

2. **使用 TFTP 下载文件**

```
<YourName>tftp 192.168.0.10 get mysystem.sys
The file mysystem.sys exists. Overwrite it? [Y/N]:y
  Verifying server file...
  Deleting the old file, please wait...

  File will be transferred in binary mode
  Downloading file from remote tftp server, please wait...
  TFTP:        913 bytes received in 0 second(s)
  File downloaded successfully.
```

3. **使用 TFTP 上传文件**

```
<YourName>tftp 192.168.0.10 put config.cfg

  File will be transferred in binary mode
  Sending file to remote tftp server. Please wait... \
  TFTP:        940 bytes sent in 0 second(s).
  File uploaded successfully.
```

【思考题】

（1）保存配置到 myconfig.cfg 文件后，可以查看到在“CF:/”目录下有两个“.cfg”文件，当系统重启后，将自动载入哪个配置文件？

（2）如果要求用户 Telnet（远程登录）后无须密码认证即可直接登录系统，该如何修改配置？

实验二　PPP（点对点协议）

【实验目的】

了解什么是PPP，并掌握PPP之间的验证（如PAP和CHAP），懂得如何配置及使用它们。

【实验设备及器材】

计算机2台、路由器2台、配置线2根、网线2根、V.35线1根。

【实验内容和步骤】

按照图1.4所示进行实验组网。

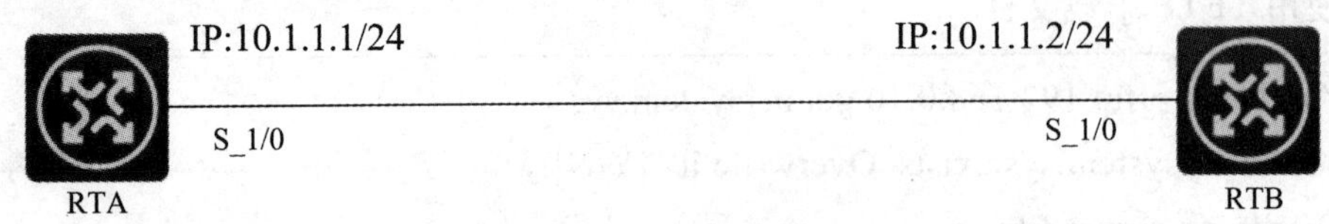

图1.4　PPP协议组网

一、规划建立两台路由器之间的物理连接

将两台路由器的S1/0接口通过V.35电缆连接，然后在RTA上执行“display interface serial1/0”命令，其输出信息如图1.5所示。

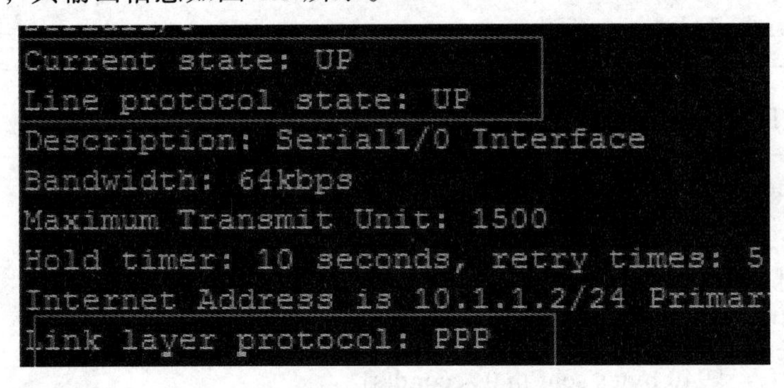

图1.5　接口输出信息

二、PAP认证

1. 在RTA上配置广域网接口IP地址

```
[RTA]int s1/0
[RTA-Serial1/0]ip add 10.1.1.1 24
```

2. 在 RTA 上配置以 PAP 方式验证对端 RTB

```
[RTA-Serial1/0]link-protocol ppp//链路协议 PPP
[RTA-Serial1/0]quit
[RTA]local-user abc class network//创建用户属于链接组
[RTA-luser-network-abc]password simple 123//配置验证密码
[RTA-luser-network-abc]service-type ppp
[RTA-Serial1/0]ppp authentication-mode pap domain sys//接口配置 PAP 验证
[RTA]domain sys
[RTA-isp-sys]authentication ppp local
```

此时查看接口状态：

```
[H3C-Serial1/0]dis int s1/0
```

如图 1.6 所示，链路被关闭不能“ping”通。

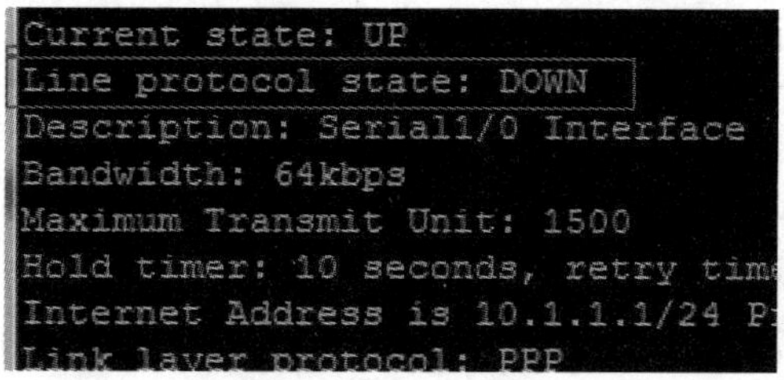

```
Current state: UP
Line protocol state: DOWN
Description: Serial1/0 Interface
Bandwidth: 64kbps
Maximum Transmit Unit: 1500
Hold timer: 10 seconds, retry time
Internet Address is 10.1.1.1/24 P
Link layer protocol: PPP
```

图 1.6 链路关闭

3. 配置 RTB 为被验证方

```
RTB：
[RTB]int s1/0
[RTB-Serial1/0]ip add 10.1.1.2 24
[RTB-Serial1/0]ppp pap local-user abc password simple 123//发送验证
```

如图 1.7 所示，执行“ping 10.1.1.1”命令，结果是可以互通。

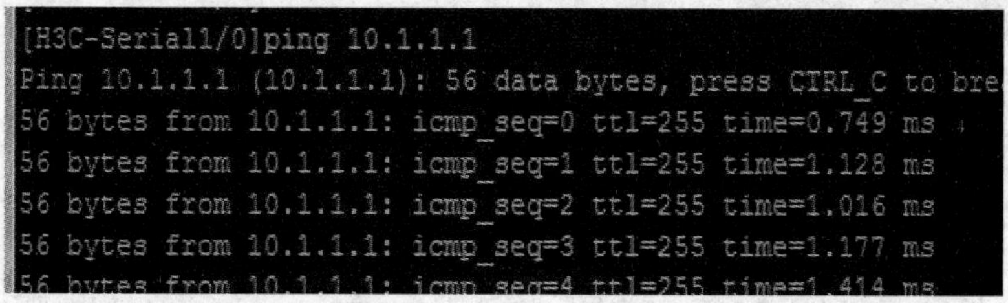

```
[H3C-Serial1/0]ping 10.1.1.1
Ping 10.1.1.1 (10.1.1.1): 56 data bytes, press CTRL_C to bre
56 bytes from 10.1.1.1: icmp_seq=0 ttl=255 time=0.749 ms
56 bytes from 10.1.1.1: icmp_seq=1 ttl=255 time=1.128 ms
56 bytes from 10.1.1.1: icmp_seq=2 ttl=255 time=1.016 ms
56 bytes from 10.1.1.1: icmp_seq=3 ttl=255 time=1.177 ms
56 bytes from 10.1.1.1: icmp_seq=4 ttl=255 time=1.414 ms
```

图 1.7 执行“ping”命令的结果

若不在 RTB 上做验证则"ping"不通。

三、CHAP 验证

1. 在 RTA 上创建用户

```
[RTA]local-user xyz class network   //本地用户 xyz
[RTA-luser-network-xyz]password simple 456
[RTA-luser-network-xyz]service-type ppp
```

2. 在 RTA 上配置以 CHAP 方式验证对端 RTB

```
[RTA]interface s1/0
[RTA-Serial1/0]ppp authentication-mode chap domain sys   //选择 chap 验证
```

此时，把接口关闭后再打开，RTB 上不能"ping"通。

3. 配置 RTB 为被验证方

```
[RTB]local-user xyz class network   //本地用户 xyz
[RTB-luser-network-xyz]password simple 456
[RTB-luser-network-xyz]service-type ppp   //服务类型 PPP
[RTB-Serial1/0]ppp chap user xyz   //用户名 xyz
[RTB-Serial1/0]ppp chap password simple 456   //密码 456
```

在 RTB 上也配置一个本地用户，当使用 CHAP 验证时，RTA 和 RTB 是互相匹配的用户，如图 1.8 所示，如果用户相同则可以"ping"通，若用户不同则不能"ping"通。

```
[H3C-Serial1/0]dis int s1/0
Serial1/0
Current state: UP
Line protocol state: UP
Description: Serial1/0 Interface
Bandwidth: 64kbps
Maximum Transmit Unit: 1500
Hold timer: 10 seconds, retry times: 5
Internet Address is 10.1.1.2/24 Primary
Link layer protocol: PPP
LCP: opened, IPCP: opened
Output queue - Urgent queuing: Size/Length/Discards 0/1
Output queue - Protocol queuing: Size/Length/Discards 0
Output queue - FIFO queuing: Size/Length/Discards 0/75/
Last link flapping: 0 hours 0 minutes 34 seconds
Last clearing of counters: Never
```

图 1.8 显示串口信息

四、IP 地址协商

1. 在 RTA 上配置 IP 地址

```
[RTA]int s1/0
[RTA-Serial1/0]ip add 10.1.1.1 24
```

2. 配置地址协商分配地址

```
[RTA-Serial1/0]remote address 10.1.1.5
```

RTB 中不配置 IP：

```
[RTB-Serial1/0]ip address ppp-negotiate
```

3. 由地址协商来配置 s 口的 IP 地址

```
[RTB-Serial1/0]dis int s1/0
```

如图 1.9 所示，s1/0 口的地址由 RTA 配置。

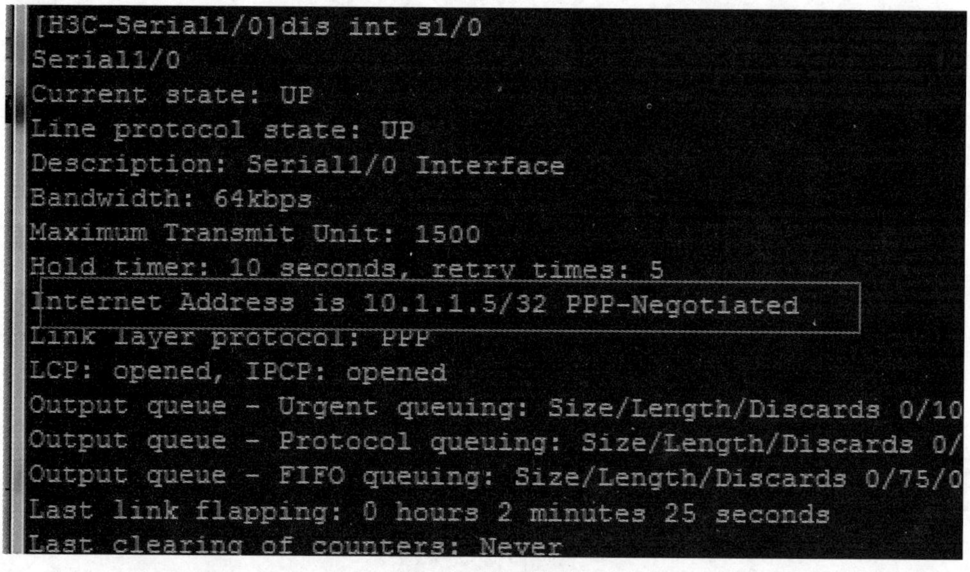

```
[H3C-Serial1/0]dis int s1/0
Serial1/0
Current state: UP
Line protocol state: UP
Description: Serial1/0 Interface
Bandwidth: 64kbps
Maximum Transmit Unit: 1500
Hold timer: 10 seconds, retry times: 5
Internet Address is 10.1.1.5/32 PPP-Negotiated
Link layer protocol: PPP
LCP: opened, IPCP: opened
Output queue - Urgent queuing: Size/Length/Discards 0/10
Output queue - Protocol queuing: Size/Length/Discards 0/
Output queue - FIFO queuing: Size/Length/Discards 0/75/0
Last link flapping: 0 hours 2 minutes 25 seconds
Last clearing of counters: Never
```

图 1.9　接口地址

五、配置 MP（多链路 PPP）

1. 在 RTA 和 RTB 上创建 Mp-group 接口并配置 IP 地址

```
[RTA]interface MP-group 1//创建模板
[RTA-MP-group1]ip add 10.1.1.1 24//模板分配 IP
```

2. 在 RTA 和 RTB 上将相应物理接口加入 Mp-group 接口

```
[RTA-Serial1/0]ppp mp MP-group 1
[RTA-Serial1/0]int s2/0
[RTA-Serial2/0]ppp mp MP-group 1
```

把 s1/0 和 s2/0 加入模板，如图 1.10 所示，查看虚拟模板。

```
[H3C-Serial2/0]dis ppp mp
----------------------Slot0----------------------
Template: MP-group1
max-bind: 16, fragment: enabled, min-fragment: 128
  Inactive member channels: 2 members
        Serial1/0
        Serial2/0
```

图 1.10　虚拟模板

RTB 的配置方法相同，不过模板 IP 配置为 10.1.1.2。
结果验证：在 10.1.1.1 “ping” 10.1.1.2 可以 “ping” 通。

【思考题】

如果 MP 需要验证，那么该如何配置？

实验三　ARP（地址解析协议）

【实验目的】

（1）了解什么是 ARP。
（2）懂得使用 ARP 的命令，并观察物理地址与 IP 地址的关系。

【实验设备及器材】

计算机 2 台、路由器 1 台、配置线 1 根、网线 2 根。

【实验内容和步骤】

按照图 1.11 所示进行实验组网。

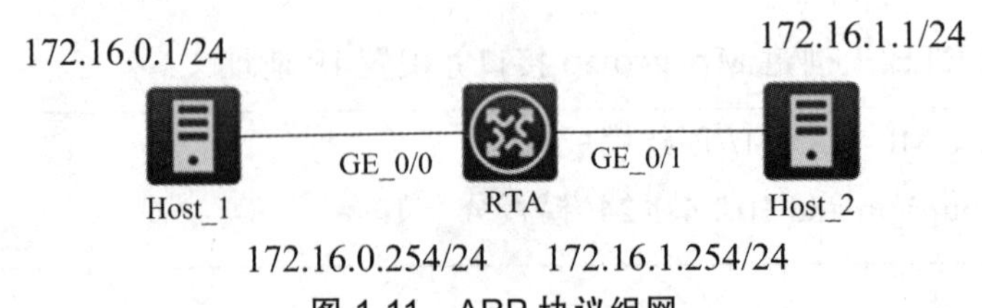

图 1.11　ARP 协议组网

一、地址配置

1. 配置各个接口地址

```
[RTA]interface GigabitEthernet0/0
[RTA-GigabitEthernet0/0] ip address 172.16.0.254 24
[RTA]interface GigabitEthernet0/1
[RTA-GigabitEthernet0/1] ip address 172.16.1.254 24
```

2. 查看各个接口的物理地址

在路由器上输入命令 ：dis int g0/0 ;dis int g0/1

GE_0/0 口物理地址(Hardware Address): 4200-582f-0105

GE_0/1 口物理地址(Hardware Address): 4200-582f-0106

在主机命令窗口输入: ipconfig

Host_1 物理地址: 08-00-27-00-6c-c6

Host_2 物理地址：08-00-27-00-5c-26

在“命令提示符”窗口下输入命令：arp-a，可以发现主机所连接的 IP 地址映射出来的物理地址正好与路由器上接口的物理地址相同（见图 1.12、图 1.13）。

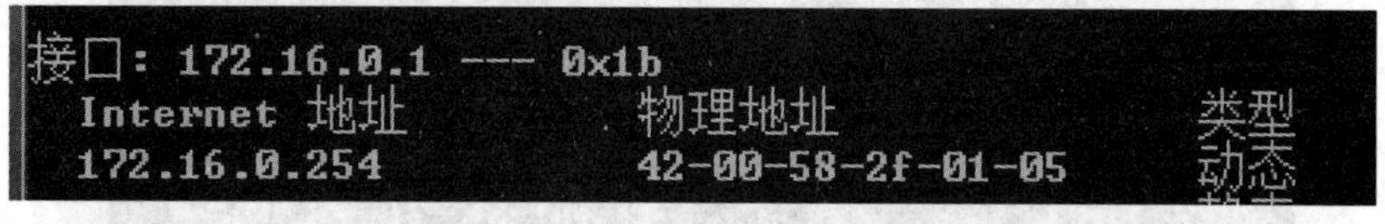

图 1.12　主机命令窗口查询 g0/0 IP 地址映射出来的物理地址

图 1.13　主机命令窗口查询 g0/1 IP 地址映射出来的物理地址

3. 在路由器下执行“display arp”

Type: S-Static	D-Dynamic	O-Openflow	R-Rule	M-Multiport	I-Invalid
IP address	MAC address	VLAN	Interface	Aging	Type
172.16.1.1	0800-2700-6cc6	N/A	GE0/0	20	D
172.16.1.1	0800-2700-5c26	N/A	GE0/1	20	D

可以看到各个计算机的 IP 地址所映射的物理地址。

在以上输出信息中，Type 字段的含义是 ARP 表项类型：动态用 D 表示；静态用 S 表示；授权用 A 表示。

可知，PC 及 RTA 都建立了正确的 ARP 表项，表项中包含了 IP 地址和对应的 MAC 地址。

二、ARP 代理配置

在 PC 网卡上必须设置网关才能互通，这是因为尽管 Host_1 和 Host_2 处于同一个子网内（掩码都是 255.255.0.0），但 RTA 上两个接口的子网是不同的（分别为 172.16.0.0/24 和 172.16.1.0/24），所以它不能在两个不同子网之间转发 ARP 报文。

1. 对路由器各个接口进行代理

```
[RTA]Int g0/0
[RTA-GigabitEthernet0/0]proxy-arp enable
[RTA]Int g0/1
[RTA-GigabitEthernet0/1]proxy-arp enable
```

2. 查看配置结果

在主机“命令提示符”窗口下输入命令：arp-a。

由于 ARP 代理，已经可以看到对方的网络地址了，如图 1.14 所示，ARP 表项中 Host_2 的 IP 地址对应的 MAC 地址与 RTA 接口 GE_0/0 的 MAC 地址相同,由此可以看出，是 RTA 的接口 GE_0/0 接口执行了 ARP 代理功能，为 Host_1 发出的 ARP 请求提供了代理应答。

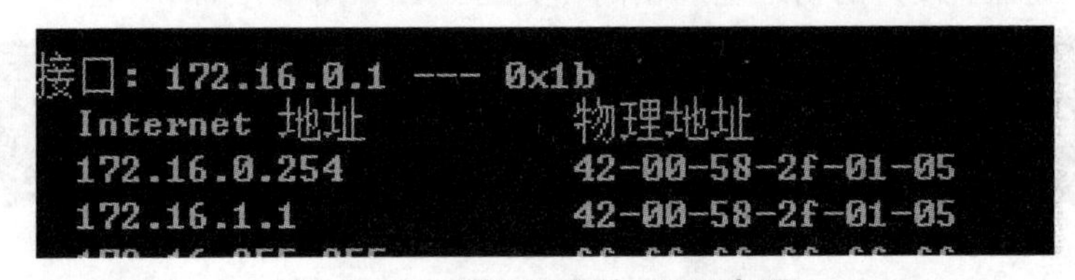

图 1.14 主机 A 中的 ARP 表项

在 PCB 上查看 ARP 表项，可以看到 ARP 表项中 PCA 的 IP 地址对应的 MAC 地址与 RTA 的接口 GE_0/1 的 MAC 地址相同。

在 RTA 上可以通过“display arp all”命令查看 ARP 表项，其输出结果与实验一的结果一样。

【思考题】

没有在 RTA 上启动 ARP 代理功能之前，在 Host_1 上通过“arp-a”查看 Host_1 的 ARP 表项，输出信息是什么？

实验四　DHCP（动态主机配置协议）

【实验目的】

（1）了解什么是 DHCP。

（2）了解 DHCP 是如何工作的。

（3）学习如何创建 DHCP 地址池、租用时间以及 DHCP 中继。

【实验设备及器材】

计算机 1 台、路由器 2 台、交换机 1 台、配置线 1 根、网线 2 根。

【实验内容和步骤】

按照图 1.15 所示进行实验组网。

图 1.15　DHCP 组网

一、基础 DHCP 配置

配置 RTA 为 DHCP 服务器，给远端的 Host_1 分配 IP 网段为 172.16.0.0/24 的地址。

```
[RTA-GigabitEthernet0/0] ip address 172.16.0.1 24
[RTA] dhcp enable
[RTA]dhcp server forbidden-ip 172.16.0.1
```

以上配置命令的含义是配置 DHCP 地址池中不参与自动分配的 IP 地址，即 172.16.0.1 不参与地址分配。

```
[RTA]dhcp server ip-pool 1
```

以上命令中数值 1 的含义是：DHCP 地址池名称，是地址池的唯一标识。

```
[RTA-dhcp-pool-pool1]network 172.16.0.0    mask 255.255.255.0
[RTA-dhcp-pool-pool1]gateway-list    172.16.0.1
[RTA-dhcp-pool-pool1] expired day 0 hour 5    //修改租用时间
```

Host_1 通过 DHCP 服务器获得 IP 地址。

在 Windows 操作系统的“控制面板”中选择“网络和 Internet 连接”，选取“网络连接”中的“本地连接”，点击“属性”，在弹出的窗口中选择“Internet 协议（TCP/IP）”，点击“属性”，选中“自动获得 IP 地址”和“自动获得 DNS 服务器地址”并确定，如图 1.16 所示。

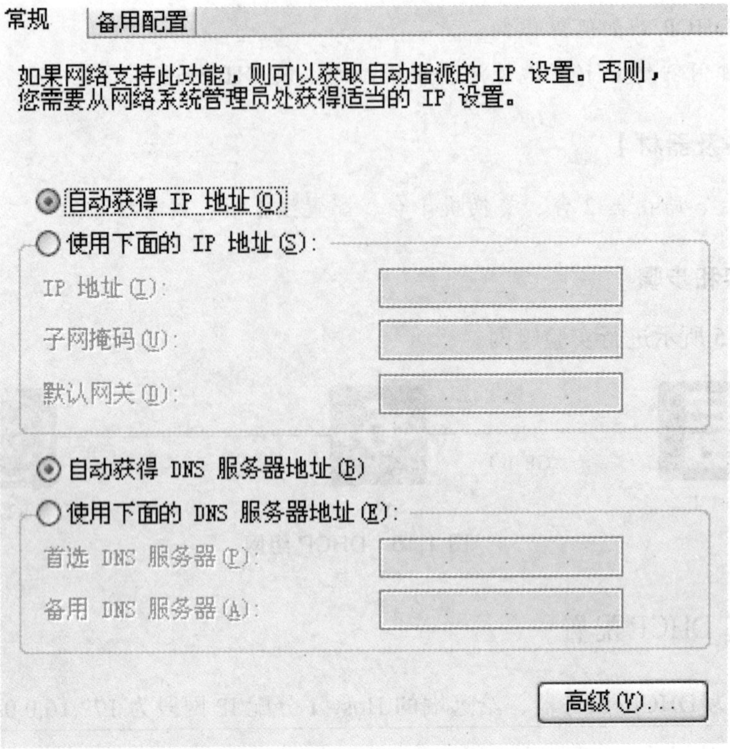

图 1.16　设置自动获得 IP 地址

为确保 Host_1 配置为 DHCP 客户端，在 Host_1 的“命令提示符”窗口下，键入命令“ipconfig”来验证 Host_1 能否获得 IP 地址和网关等信息。其输出的显示结果：

```
IP Address 172.16.0.2; Subnet   Mask 255.255.255.0;
Default Gateway 172.16.0.1
```

在 RTA 上用“display dhcp server forbidden-ip”命令来查看 DHCP 服务器禁止分配的 IP 地址，执行该命令根据其输出信息可以看到 172.16.0.1 地址被服务器禁止分配。

在 RTA 上用“display dhcp server free-ip”来查看 DHCP 服务器可供分配的 IP 地址资源，在 RTA 上用“display dhcp server ip-in-use all”来查看 DHCP 地址池的地址绑定信息，执行该命令，根据其输出信息可以看到 Host_1 的 MAC 地址绑定的 IP 地址为 172.16.0.2。

二、DHCP 中继

DHCP 客户端通过 DHCP 中继获取 IP 地址时，DHCP 服务器上需要配置与 DHCP 中继连接 DHCP 客户端的接口 IP 地址所在网段（网络号和掩码）匹配的地址池，否则会导致 DHCP 客户端无法获得正确的 IP 地址。

注意：中继是指该主机所获得的 IP 是接口上的，不是服务器接口上的，必须要配置静态路由，否则两个网段的 DHCP 不可用。

如图 1.17 所示，配置 RTA 为 DHCP 服务器，给远端的 Host_1 分配 IP 网段为 172.16.1.0/24 的地址。

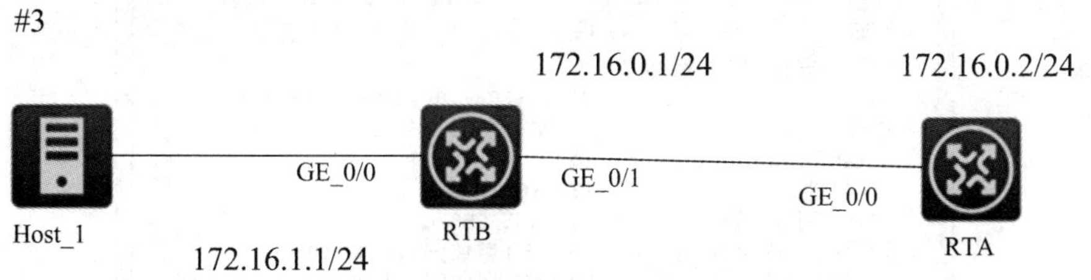

#3

172.16.0.1/24　172.16.0.2/24

Host_1　GE_0/0　RTB　GE_0/1　GE_0/0　RTA

172.16.1.1/24

图 1.17　DHCP 中继图

1．先配置 RTB

```
[RTB]dhcp enable
[RTB]int g0/0
```

2．在 RTB 上开启 DHCP 中继服务

```
[RTB-GigabitEthernet0/0]dhcp select relay
[RTB-GigabitEthernet0/0]dhcp relay server-address 172.16.0.2   //指定 DHCP 服务器的地址
```

3．配置到 RTA 的路由

```
[RTB]ip route-static 0.0.0.0 0.0.0.0 172.16.0.2
```

4．在 RTA 上配置 DHCP 服务

```
[RTA-GigabitEthernet0/0] ip address 172.16.0.1 24
[RTA] dhcp enable
[RTA]dhcp server forbidden-ip 172.16.1.1
[RTA]dhcp server ip-pool 1
[RTA-dhcp-pool-pool1]network 172.16.1.0   mask 255.255.255.0
[RTA-dhcp-pool-pool1]rang172.16.1.30 172.16.1.50
[RTA-dhcp-pool-pool1]gateway-list   172.16.1.1
```

5．配置到 RTB 的路由

```
[RTA]ip route-static 172.16.1.1   255.255.255.0   172.16.0.1
```

6. PC 通过 DHCP 中继获取 IP，查看 DHCP 中继分配（见图 1.18)。

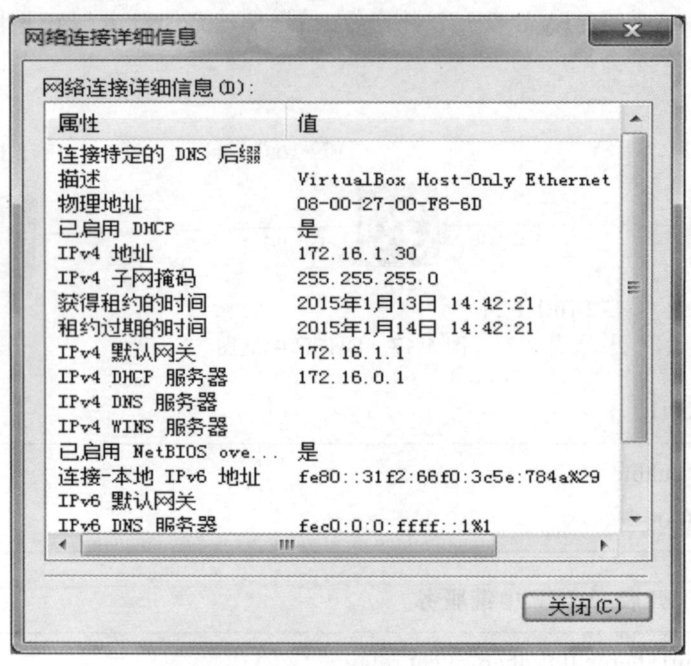

图 1.18 DHCP 中继分配详细信息

在 RTA 上通过命令“display dhcp relay server-group 1”查看 DHCP 中继服务器组的信息，通过命令“dis dhcp server ip-in-use”查看 DHCP 服务器地址分配情况（见图 1.19）。

```
[RTA]dis dhcp server ip-in-use
```

```
[RTA]dis dhcp server ip-in-use
IP address         Client identifier/      Lease expiration        Type
                   Hardware address
172.16.1.30        0108-0027-00f8-6d       Jan 14 06:42:18 2015    Auto(C)
```

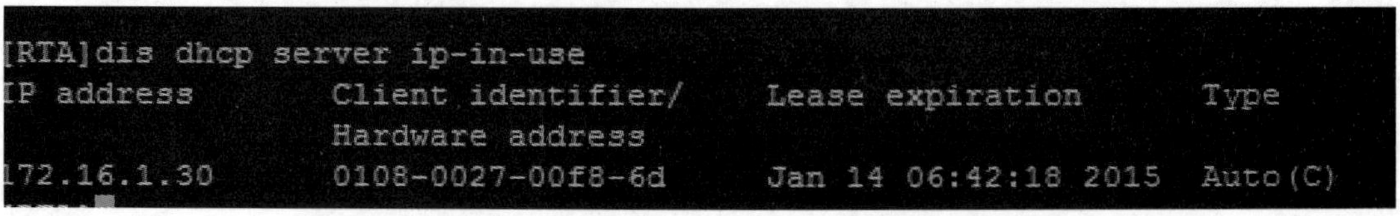

图 1.19 在路由器上查看 DHCP 服务器地址分配情况

【思考题】

在任务 1 中，如果设置 RTA 的 DHCP 地址池为 192.168.0.0/24，那么 Host_1 能否获得该子网的 IP 地址？为什么？

实验五　FTP（文件传输协议）

【实验目的】

（1）了解 FTP 工作流程及配置过程。

（2）熟悉 FTP 命令。

（3）完成上传下载等功能。

【实验设备及器材】

计算机 1 台、路由器 1 台、配置线 1 根、网线 1 根。

【实验内容和步骤】

按照图 1.20 所示进行实验组网。

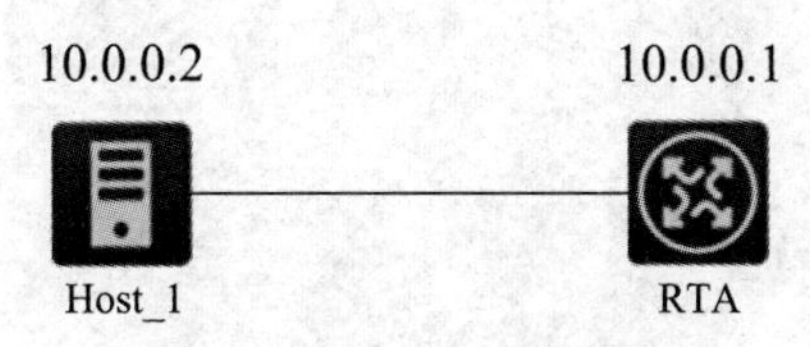

图 1.20　FTP 协议组网

1. 配置接口 IP 地址

```
[RTA]int g0/0
[RTA-GigabitEthernet0/0]ip add 10.0.0.1 24
```

2. 启动 FTP 服务并配置用户

```
[RTA]ftp server enable
[RTA]local-user abc
[RTA-luser-manage-abc]password simple 123
[RTA-luser-manage-abc]service-type ftp
[RTA-luser-manage-abc]authorization-attribute user-rolenetwork-admwork-directory flash:/
```

3. 登录 FTP

图 1.21 所示为 FTP 登陆工作目录,在命令行界面键入命令“ftp 10.0.0.1”，连接 FTP 服务器。按照系统的提示来输入相应的用户名和密码。

用户名：abc；

密码：123。

```
C:\Users\xiaoqiran>ftp 10.0.0.1
连接到 10.0.0.1。
220 FTP service ready.
用户(10.0.0.1:(none)): abc
331 Password required for abc.
密码:
230 User logged in.
```

图 1.21　FTP 登录

输入“ftp> dir”查看 FTP 服务器上的文件夹，如图 1.22 所示，正常情况下，Host_1 已经通过 FTP 协议连接到 RTA 上。现在需要把 RTA 上的文件下载到 Host_1 上。在命令行下输入命令“ls”查看 RTA 上的文件名，并在下面的空格中写出看到的后缀名称为“.cfg”的文件名。

```
ftp> dir
227 Entering Passive Mode (10,0,1,1,147,91)
150 Accepted data connection
-rwxrwxrwx    1 0          0                253 Jan 12 02:19 ifindex.dat
-rwxrwxrwx    1 0          0              43136 Jan 12 02:00 licbackup
-rwxrwxrwx    1 0          0              43136 Jan 12 02:00 licnormal
-rwxrwxrwx    1 0          0                  0 Jan 12 02:00 msr36-cmw710-boot-a5901.bin
-rwxrwxrwx    1 0          0                  0 Jan 12 02:00 msr36-cmw710-system-a5901.bin
drwxrwxrwx    2 0          0               4096 Jan 12 02:00 seclog
-rwxrwxrwx    1 0          0               2404 Jan 12 02:19 startup.cfg
-rwxrwxrwx    1 0          0              36322 Jan 12 02:19 startup.mdb
226 8 matches total
```

图 1.22　查看文件夹

4. 下载文件（见图 1.23）

```
ftp> get startup.cfg
200 PORT command successful
150 Connecting to port 59014
226 File successfully transferred
ftp: 收到 2591 字节，用时 0.00秒 2591000.00千字节/秒
```

图 1.23　下载文件

5. 上传文件（见图 1.24）

```
ftp> put startup.cfg
200 PORT command successful
150 Connecting to port 59015
226 File successfully transferred
ftp: 发送 2591 字节，用时 0.00秒 2591.00千字节/秒。
```

图 1.24　上传文件

【思考题】

在 FTP 数据传输中，服务器端所侦听的端口在何种情况下不是 20?

实验六　HDLC（高速数据链路控制）

【实验目的】

（1）了解 HDLC 协议的基本原理。

（2）掌握 HDLC 的基本配置方法。

（3）掌握 HDLC 的常用配置命令。

【实验设备及器材】

计算机 2 台、路由器 2 台、配置线 1 根、V.35 线 1 根。

【实验内容和步骤】

按照图 1.25 所示进行实验组网。

图 1.25　HDLC 协议组网

将两台路由器的 S1/0 接口通过 V35 电缆连接，然后在 RTA 上执行命令“display interface serial1/0”，如图 1.26 所示，根据其输出信息可以看到：

```
Serial1/0 current state: up
Line protocol current state:up
Link layer protocol is ppp
```

```
Current state: UP
Line protocol state: UP
Description: Serial1/0 Interface
Bandwidth: 64kbps
Maximum Transmit Unit: 1500
Hold timer: 10 seconds, retry times: 5
Internet protocol processing: disabled
Link layer protocol: PPP
```

图 1.26　串口 S1/0 配置信息

在 RTA 上配置广域网接口 S1/0 封装 HDLC 协议：

```
[RTA]dis int s1/0
[RTA-Serial1/0]link-protocol hdlc
```

可以看到如图 1.27 所示的输出信息。

```
Serial1/0
Current state: UP
Line protocol state: DOWN
Description: Serial1/0 Interface
Bandwidth: 64kbps
Maximum Transmit Unit: 1500
Hold timer: 10 seconds, retry times: 5
Internet protocol processing: disabled
Link layer protocol: HDLC
```

图 1.27 链路层协议为 HDLC

分别给 RTA 和 RTB 配置 IP 地址。

RTA：10.1.1.1 /24；RTB：10.1.1.2/24。

在 RTA 的 S1/0 接口模式视图下，执行命令 dis this,可以看到如图 1.28 所示的结果。

```
[RTA-Serial1/0]dis this
#
interface Serial1/0
 link-protocol hdlc
 ip address 10.1.1.1 255.255.255.252
#
```

图 1.28 查看 RTA 串口地址

输入以下命令查看连通性，结果如图 1.29 所示。

```
[RTA-Serial1/0]ping 10.1.1.2
```

```
[RTA]ping 10.1.1.2
Ping 10.1.1.2 (10.1.1.2): 56 data bytes, press CTRL_C to break
56 bytes from 10.1.1.2: icmp_seq=0 ttl=255 time=42.152 ms
56 bytes from 10.1.1.2: icmp_seq=1 ttl=255 time=1.459 ms
56 bytes from 10.1.1.2: icmp_seq=2 ttl=255 time=1.070 ms
56 bytes from 10.1.1.2: icmp_seq=3 ttl=255 time=1.347 ms
56 bytes from 10.1.1.2: icmp_seq=4 ttl=255 time=1.860 ms
```

图 1.29 两路由器的连通性

【思考题】

如果通信双方的 Keepalive 值设置不一样，该链路还能正常连接吗？

实验七　VLAN（虚拟局域网）

【实验目的】

（1）了解并配置 VLAN 环境。
（2）了解 VLAN 的作用。
（3）掌握 VLAN 的划分。

【实验设备及器材】

计算机 4 台、交换机 2 台、配置线 1 根、网线 5 根。

【实验内容和步骤】

按照图 1.30 所示进行实验组网。

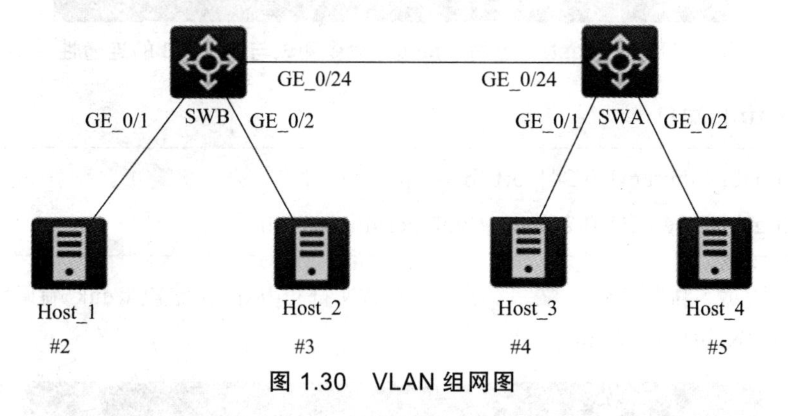

图 1.30　VLAN 组网图

一、trunk 端口

1. 划分 VLAN

分别在 SWA 和 SWB 上创建 VLAN 2，并将 Host_2 和 Host_3 所连接的端口 Ethernet1/0/1 添加到 VLAN 2 中。

```
[SWB]vlan 2    //添加 VLAN2
[SWB-vlan2]port GigabitEthernet 1/0/1    //把此端口加入 VLAN2
```

2. 配置 SWA

```
[SWA]vlan 2 添加 VLAN2
[SWA-vlan2]port GigabitEthernet 1/0/1     //把此端口加入 VLAN2
[SWA]display interface Ethernet 1/0/1
```

执行上述命令，从命令的输出信息中可以发现，端口 Ethernet1/0/1 的 PVID 是 2，端口 Ethernet1/0/1 的链路类型是 access，该端口 Tagged / VLAN ID 是 none，该端口的 Untagged VLAN ID 是 2。

配置完成后，在 Host_1 上用“ping”命令来测试到其他计算机的互通性。其结果应该是 Host_1 与 Host_2 不能互通，Host_3 和 Host_4 不能互通。

Host_1 和 Host_3 从表面上看都属于 VLAN 2，但从整个网络环境考虑，它们并不在一个广播域，即本质上不在一个 VLAN 中，因为两个交换机上的 VLAN 目前只是各自在本机起作用，还没有发生关联。如图 1.31 所示，在 Host_1 上用“ping”命令来测试与 Host_3 能否互通。其结果应该是不能互通。

```
C:\Users\xiaoqiran>ping -S 172.16.0.1 172.16.0.2

正在 Ping 172.16.0.2 从 172.16.0.1 具有 32 字节的数据:
来自 172.16.0.1 的回复: 无法访问目标主机。
来自 172.16.0.1 的回复: 无法访问目标主机。
来自 172.16.0.1 的回复: 无法访问目标主机。
来自 172.16.0.1 的回复: 无法访问目标主机。
```

图 1.31　在 Host_1 上用“ping”命令测试与 Host_3 的连通性

3. 设置 trunk 端口

```
[SWb-GigabitEthernet1/0/24]port link-type trunk
[SWb-GigabitEthernet1/0/24]port trunk permit vlan all
```

如图 1.32 所示，配置 trunk 端口，所有 VLAN 都可从通过配置 trunk 端口链接两个交换机，所以同 VLAN 间可以“ping”通。

```
Unicast MAX-ratio: 100%
PVID: 1
Mdi type: automdix
Port link-type: trunk
 VLAN Passing:   1(default vlan), 2
 VLAN permitted: 1(default vlan), 2-4094
 Trunk port encapsulation: IEEE 802.1q
Port priority: 2
Last link flapping: 0 hours 40 minutes 35 seconds
---- More ----
```

图 1.32　链路类型为 trunk 模式

如图 1.33 所示，Host_1 和 Host_3 可以“ping”通。

```
C:\Users\xiaoqiran>ping -S 172.16.0.1 172.16.0.3

正在 Ping 172.16.0.3 从 172.16.0.1 具有 32 字节的数据
来自 172.16.0.3 的回复: 字节=32 时间=2ms TTL=64
来自 172.16.0.3 的回复: 字节=32 时间=1ms TTL=64
来自 172.16.0.3 的回复: 字节=32 时间=2ms TTL=64
来自 172.16.0.3 的回复: 字节=32 时间=1ms TTL=64
```

图 1.32　Host_1 可以“ping”通 Host_3

二、配置 Hybrid 链路端口

以上配置命令的作用是为后面配置 hybrid 属性做准备，因为只有在本机存在的 VLAN，在配置端口 hybrid 属性时才能配置该 VLAN 的 tagged 或者 untagged 属性，如图 1.34 所示。

1. 划分 VLAN

```
[SWA]vlan 30
[SWA]vlan 40
[SWB]vlan 10
[SWB]vlan 20
```

2. 添加 Hybrid 端口

```
[SWA-GigabitEthernet1/0/1]port link-type hybrid
[SWA-GigabitEthernet1/0/1]port hybrid vlan 30 40 untagged
```

端口 Ethernet 1/0/1 能够接收 VLAN 30 和 40 发过来的报文,且发送这些 VLAN 报文时不带 VLAN 标签。

在 SWB 上配置 Host_4 所连接的端口 Ethernet 1/0/2 为 Hybrid 端口，并允许 VLAN 10、VLAN 20、VLAN 30 的报文以 untagged 方式通过。

3. 设置 untagged 方式

```
[SwitchB]interface Ethernet 1/0/2
[SwitchB-Ethernet0/2]port link-type hybrid
[SwitchB-Ethernet0/2]port hybrid vlan 10 20 30 untagged
```

```
<H3C>dis vlan 10
 VLAN ID: 10
 VLAN type: Static
 Route interface: Not configured
 Description: VLAN 0010
 Name: VLAN 0010
 Tagged ports:
    GigabitEthernet1/0/1
 Untagged ports:
    GigabitEthernet1/0/2
```

图 1.34 查看 VLAN 10 的 tagged 属性

Host_1 和 Host_2 不能互通，Host_1 和 Host_3 可以互通，Host_1 和 Host_4 可以互通，Host_2 和 Host_3 可以互通，Host_2 和 Host_4 可以互通，Host_3 和 Host_4 可以互通。

【思考题】

（1）在 trunk 端口配置中，还可以使用哪种链路端口类型而使交换机端口 E1/0/24 允许 VLAN2 的数据帧通过？

（2）在 trunk 端口配置中，如果配置 SWA 的端口 E10/24 为 trunk 类型，PVID 为 SWB 的端口 E1/0/24 为 access 类型，PVID 也为 1，则 Host_2 与 Host_4 能够互通吗？

实验八　STP（生成树协议）

【实验目的】

（1）了解何为 STP。

（2）了解如何减去冗余线路并使之备份。

【实验设备及器材】

计算机 2 台、交换机 2 台、配置线 1 根、网线 3 根。

【实验内容和步骤】

按照图 1.35 所示进行实验组网。

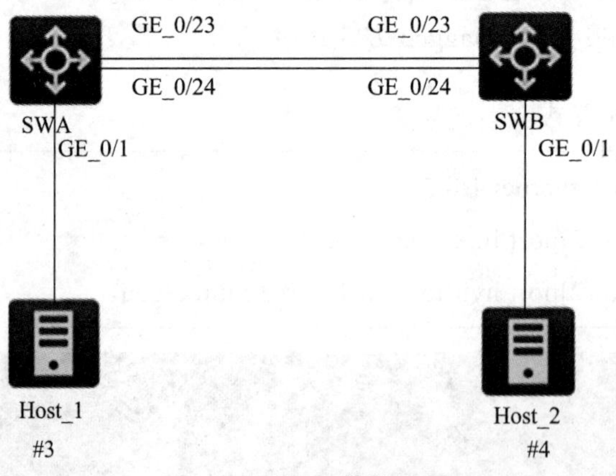

图 1.35　STP 协议组网

1．开启 STP（生成树协议）

```
[SWA]stp global enable   //默认情况下，生成树协议的全局状态为关闭
[SWA]stp priority 0   //设置 SWA 的优先级为 0，以使 SWA 为根桥
[SWA-Ethernet1/0/1] stp edged-port enable   //连接 PC 的端口为边缘端口
```

在 SWA 上执行“display stp”命令查看 STP 信息，执行“display stp brief”命令查看 STP 简要信息，依据该命令输出的信息，可以看到 SWA 上所有端口的 STP 角色为 DESI，即角色为指定端口，都处于 FORWARDING 转发状态。

2. 查看端口转发状态

```
[SWA-GigabitEthernet1/0/1]dis stp brief
 MST ID   Port                        Role   STP State     Protection
 0        GigabitEthernet1/0/1        DESI   FORWARDING    NONE
 0        GigabitEthernet1/0/23       DESI   FORWARDING    NONE
 0        GigabitEthernet1/0/24       DESI   FORWARDING    NONE
```

3. 配置 SWB 的 STB 服务

在 SWB 上启动 STP 并设置 SWB 的优先级为 4096，并且配置 SWB 连接 PC 的端口为边缘端口。在下面的空格中写出完整的配置命令。

```
[SWB]stp enable
[SWB]stp priority 4096
[SWB]interface Ethernet 1/0/1
[SWB-Ethernet1/0/1] stp edged-port enable
```

在 SWB 上执行“display stp”命令查看 STP 信息，执行“display stp brief”命令查看 STP 简要信息，依据该命令输出的信息，可以看到 SWB 端口 E1/0/23 的 STP 角色是根端口，处于 FORWARDING 转发状态，端口 E1/0/24 的 STP 角色是备份根端口，处于 DISCARDING 阻塞状态；连接 PC 的端口 E1/0/1STP 角色是指定端口，处于转发状态。

```
[SWB-GigabitEthernet1/0/1]dis stp brief
 MST ID   Port                        Role   STP State     Protection
 0        GigabitEthernet1/0/1        DESI   FORWARDING    NONE
 0        GigabitEthernet1/0/23       ROOT   FORWARDING    NONE
 0        GigabitEthernet1/0/24       ALTE   DISCARDING    NONE
```

DESL 指定 root 根、alte 备份、forwarding 转发、discarding 阻塞。

分别配置 Host_1、Host_2 的 IP 地址为 172.16.0.1/24、172.16.0.2/24，配置完成后，在 Host_1 上执行命令“ping 172.16.0.2 －t”，以使 Host_1 向 Host_2 不间断发送 ICMP 报文。

如图 1.36 所示，断开转发端口会发现备用端口启用并且处于转发状态。

```
[SWB-GigabitEthernet1/0/23]shutdown
[SWB-GigabitEthernet1/0/23]%Jan 12 08:13:27:229 2015 SWB STP/6/NULL: Instance 0's port GigabitEt
%Jan 12 08:13:27:232 2015 SWB IFNET/3/PHY_UPDOWN: Physical state on the interface GigabitEtherne
%Jan 12 08:13:27:233 2015 SWB IFNET/5/LINK_UPDOWN: Line protocol state on the interface GigabitE

[SWB-GigabitEthernet1/0/23]
[SWB-GigabitEthernet1/0/23]dis stp br
[SWB-GigabitEthernet1/0/23]dis stp brief
 MST ID   Port                        Role  STP State   Protection
 0        GigabitEthernet1/0/1        DESI  FORWARDING  NONE
 0        GigabitEthernet1/0/24       ROOT  FORWARDING  NONE
```

图 1.36　断开 G1/0/23

断开端口重连,可以看到，端口在连接电缆后马上成为转发状态。出现这种情况的原因是因为端口被配置成边缘端口，无须延迟而进入转发状态。

如果取消边缘端口，断开再重连，如图 1.37 所示，这端口状态会迁移到学习状态，然后再转发。从以上实验可知，取消边缘端口配置后，STP 收敛速度变慢了。

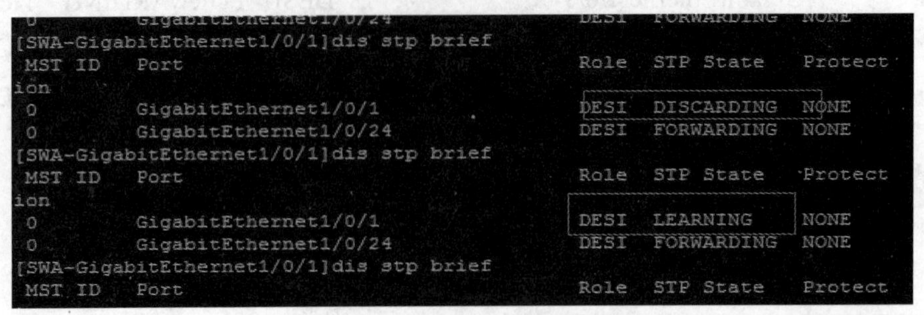

图 1.37 查看 G1/0/1 状态

【思考题】

交换机 SWB 选择端口 GE1/0/23 作为根端口转发数据，能否使交换机选择另外一个端口 GE1/0/24 作为根端口？

实验九 链路聚合

【实验目的】

（1）了解并使用链路聚合来增加带宽，增加可靠性。

（2）学习如何基于流进行负载分担。

【实验设备及器材】

计算机 2 台、交换机 2 台、配置线 1 根、网线 4 根。

【实验内容和步骤】

按照图 1.38 所示进行实验组网。

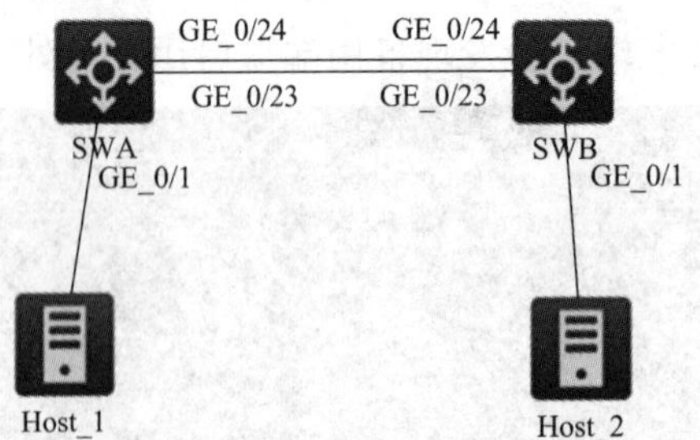

图 1.38 链路聚合组网图

1. **配置聚合口**

```
[SWA]int Bridge-Aggregation 1
[SWA-Bridge-Aggregation1]quit
```

2. **端口加入聚合组**

```
[SWA-GigabitEthernet1/0/23]port link-aggregation group 1
[SWA-GigabitEthernet1/0/23]int g1/0/24
[SWA-GigabitEthernet1/0/24]port link-aggregation group 1
```

SWB 的设置方法同上。

分别在 SWA 和 SWB 上通过“display link-aggregation summary”命令查看二层聚合端口所对应的聚合组摘要信息，通过“display link-aggregation verbose”命令查看二层聚合端口所对应聚合组的详细信息，如图 1.39 所示。

通过执行查看聚合组摘要信息命令，如图 1.40 所示，可以得知该聚合组聚合端口类型是 BAGG，代表二层。

```
[SWA-GigabitEthernet1/0/24]dis link-aggregation verbose
Loadsharing Type: Shar -- Loadsharing, NonS -- Non-Loadsharing
Port Status: S -- Selected, U -- Unselected, I -- Individual
Flags:  A -- LACP_Activity, B -- LACP_Timeout, C -- Aggregation,
        D -- Synchronization, E -- Collecting, F -- Distributing,
        G -- Defaulted, H -- Expired

Aggregate Interface: Bridge-Aggregation1
Aggregation Mode: Static
Loadsharing Type: Shar
  Port             Status  Priority Oper-Key
--------------------------------------------------------------------------------
  GE1/0/23         S       32768    1
  GE1/0/24         S       32768    1
```

图 1.39　二层聚合端口所对应聚合组信息

```
AGG        AGG   Partner ID             Selected  Unselected  Individual  Share
Interface  Mode                         Ports     Ports       Ports       Type
--------------------------------------------------------------------------------
BAGG1      S     None                   2         0           0           Shar
```

图 1.40　端口类型是 BAGG

配置完成后，如图 1.41 所示，在 Host_1 上执行“ping”命令，以使 Host_1 向 Host_2 不间断发送 ICMP 报文。

```
C:\Users\xiaoqiran>ping -t -S 172.16.0.1 172.16.0.2

正在 Ping 172.16.0.2 从 172.16.0.1 具有 32 字节的数据:
来自 172.16.0.2 的回复: 字节=32 时间=2ms TTL=64
来自 172.16.0.2 的回复: 字节=32 时间=3ms TTL=64
来自 172.16.0.2 的回复: 字节=32 时间=2ms TTL=64
来自 172.16.0.2 的回复: 字节=32 时间=3ms TTL=64
来自 172.16.0.2 的回复: 字节=32 时间=1ms TTL=64
来自 172.16.0.2 的回复: 字节=32 时间=2ms TTL=64
来自 172.16.0.2 的回复: 字节=32 时间=2ms TTL=64
```

图 1.41　在 Host_1 上执行“ping”命令 Host_2

交换机面板上的端口 LED 显示灯闪烁，表明有数据流通过。将聚合组中 LED 显示灯闪烁的端口上的电缆断开。以上测试说明聚合组中的两个端口之间是互为备份的关系（见图 1.42），这时还可以继续发送报文。

```
SWB-GigabitEthernet1/0/24]shutdown
Jan 13 06:39:42:293 2015 SWB IFNET/3/PHY_UPDOWN: Physical state on the interface GigabitEtherne
 to down.
Jan 13 06:39:42:295 2015 SWB LAGG/6/LAGG_INACTIVE_PHYSTATE: Member port GE1/0/24 of aggregatio
anged to the inactive state, because the physical state of the port is down.
Jan 13 06:39:42:300 2015 SWB IFNET/5/LINK_UPDOWN: Line protocol state on the interface GigabitE
hanged to down.
```

图 1.42　G1/0/24 端口关闭

【思考题】

实验中，如果交换机间有物理环路产生广播风暴，除了断开交换机间链路外，还有什么处理办法？

实验十　直连路由和静态路由

【实验目的】

（1）了解不同网段不同路由器间是如何进行路由交换。
（2）学会查看路由表中的信息。

【实验设备及器材】

计算机 2 台、路由器 2 台、配置线 1 根、网线 2 根、V.35 线 1 根。

【实验内容和步骤】

按照图 1.43 所示进行实验组网。

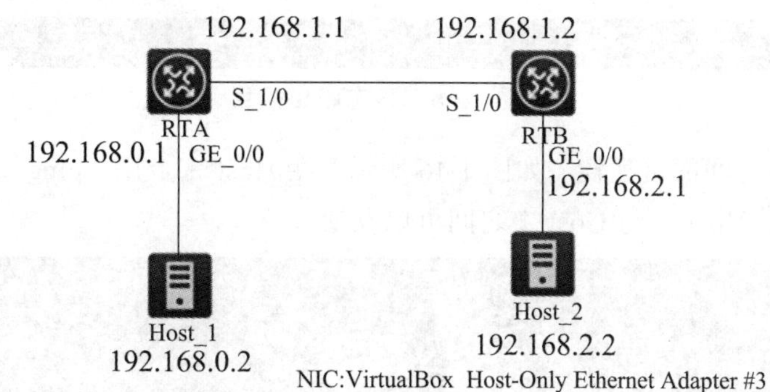

图 1.43 直连路由和静态路由

通过“display ip routing-table”命令查看 RTA 路由表，如图 1.44 所示，从该命令的输出信息可以看出，路由表中的路由类型为直连路由，这种类型的路由是由链路层协议发现的路由，链路层协议 UP 后，路由器会将其加入路由表中。如果我们关闭链路层协议，则相关直连路由也消失。

```
[RTB]dis ip routing-table

Destinations : 17        Routes : 17

Destination/Mask    Proto   Pre Cost         NextHop         Interface
0.0.0.0/32          Direct  0   0            127.0.0.1       InLoop0
127.0.0.0/8         Direct  0   0            127.0.0.1       InLoop0
127.0.0.0/32        Direct  0   0            127.0.0.1       InLoop0
127.0.0.1/32        Direct  0   0            127.0.0.1       InLoop0
127.255.255.255/32  Direct  0   0            127.0.0.1       InLoop0
192.168.1.0/24      Direct  0   0            192.168.1.2     Ser1/0
192.168.1.0/32      Direct  0   0            192.168.1.2     Ser1/0
192.168.1.1/32      Direct  0   0            192.168.1.1     Ser1/0
192.168.1.2/32      Direct  0   0            127.0.0.1       InLoop0
192.168.1.255/32    Direct  0   0            192.168.1.2     Ser1/0
192.168.2.0/24      Direct  0   0            192.168.2.1     GE0/0
192.168.2.0/32      Direct  0   0            192.168.2.1     GE0/0
192.168.2.1/32      Direct  0   0            127.0.0.1       InLoop0
192.168.2.255/32    Direct  0   0            192.168.2.1     GE0/0
224.0.0.0/4         Direct  0   0            0.0.0.0         NULL0
224.0.0.0/24        Direct  0   0            0.0.0.0         NULL0
255.255.255.255/32  Direct  0   0            127.0.0.1       InLoop0
```

图 1.42 查看路由表

在 Host_1 上测试能否“ping”通网关（192.168.0.1），结果是可以互通。

在 Host_1 上用“ping”命令测试到 Host_2 的可达性，“ping”的结果是不可达,造成该结果的原因是 RTA 没有到达 Host_2（192.168.2.2）的路由。

在 RTA 上配置静态路由：

```
[RTA]ip route-static 192.168.2.0 24 192.168.1.2
```

在 RTB 上配置静态路由：

```
[RTB]ip route-static 192.168.0.0 24 192.168.1.1
```

配置完成后，分别在 RTA 和 RTB 上查看路由表，如图 1.43 所示，可以看到在 RTA 上查看路由表有一条优先级为 60，协议类型为 Static 的默认路由。

```
192.168.2.0/24      Static  60  0            192.168.1.2      Ser1/0
```

图 1.45　静态路由条目

再次测试 PC 之间的可达性。如图 1.46 所示，在 Host_1 上用“ping”命令测试到 Host_2 的可达性，结果是 Host_1 与 Host_2 之间可以互通。

```
C:\Users\xiaoqiran>ping -S 192.168.0.2 192.168.2.2

正在 Ping 192.168.2.2 从 192.168.0.2 具有 32 字节的数据:
来自 192.168.2.2 的回复: 字节=32 时间=1ms TTL=62
来自 192.168.2.2 的回复: 字节=32 时间=1ms TTL=62
来自 192.168.2.2 的回复: 字节=32 时间=2ms TTL=62
来自 192.168.2.2 的回复: 字节=32 时间=1ms TTL=62
```

图 1.46　Host_1 上“ping” Host_2

【思考题】

（1）实验中，如果仅在 RTA 上配置静态路由，不在 RTB 上配置，那么 Host_1 发出的数据报文能到达 Host_2 吗？在 Host_1 上能够“ping”通 Host_2 吗？

（2）路由器和 PC 之间会形成路由环路吗？

实验十一　RIP（路由信息协议）

【实验目的】

（1）了解 RIP 的原理。

（2）了解 RIP 是如何工作的，其最大跳数是多少。

【实验设备及器材】

计算机 2 台、路由器 2 台、配置线 1 根、网线 2 根、V.35 线 1 根。

【实验内容和步骤】

如图 1.47 所示进行实验组网。

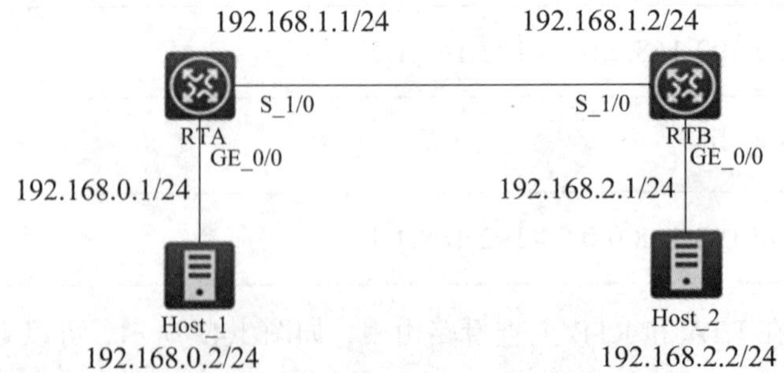

图 1.47　RIP 协议组网

在 Host_1 上用“ping”命令测试到 Host_2 的可达性，测试结果是目的网段不可达，产生该结果的原因是 路由器上没有到达目的主机的路由。

1．配置各个接口的 IP 地址

```
[RTA]int g0/0
[RTA-GigabitEthernet0/0]ip add 192.168.0.1 24
[RTA-GigabitEthernet0/0]int s1/0
[RTA-Serial1/0]ip add 192.168.1.1 24
```

RTB 的配置同上。

2．启动 RIP

在 RTA 上配置 RIP 的相关命令如下：

```
[RTA]rip
```

以上配置命令的含义是 在 RTA 上启动 RIP 进程。

```
[RTA-rip-1]network 192.168.0.0
```

以上命令提示符中数字 1 的含义是 RIP 进程 1，在启动 RIP 的时候，没有指定进程号，就采用默认进程 1。

如上配置命令的含义是在网段 192.168.0.0 接口上使能 RIP

```
[RTA-rip-1]network 192.168.1.0
```

3．RTB 上配置 RIP 路由

RTB 上配置：

```
[RTB-rip-1]network 192.168.1.0
[RTB-rip-1]network 192.168.2.0
```

4．查看路由

如图 1.48 所示，在 RTA 上可以看到一条目的网段为 192.168.2.0/24、优先级为 100 的 RIP 路由。如图 1.49 所示，在 RTB 上可以看到一条目的网段为 192.168.0.0/24、优先级为 100 的 RIP 路由。在 Host_1 上通过“ping”命令检测 PC 之间的互通性，其结果是可以互通。

```
192.168.1.255/32   Direct  0    0        192.168.1.1      Ser1/0
192.168.2.0/24     RIP     100  1        192.168.1.2      Ser1/0
```

图 1.48　RTA 上的 RIP 协议路由条目

```
192.168.0.0/24      RIP     100 1            192.168.1.1      Ser1/0
```

图 1.49　RTB 上的 RIP 协议路由条目

在 RTA 上通过命令“display rip”查看 RIP 的运行状态，如图 1.50 所示，从其输出信息可知，目前路由器运行的是 RIPv1，自动聚合功能是打开的；路由更新周期（Update time）为 30 s，如图 1.51 所示，network 命令所指定的网段是 192.168.0.0 和 192.168.1.0。

```
  Maximum number of load balanced routes: 6
  Update time    :   30 secs  Timeout time          :  180 secs
  Suppress time :  120 secs  Garbage-collect time :  120 secs
  Update output delay:   20(ms)  Output count:    3
  TRIP retransmit time:    5(s)  Retransmit count: 36
```

图 1.50　RTA 上 RIP 运行状态

```
 Verify-source: Enabled
 Networks:
    192.168.0.0            192.168.1.0
 Configured peers: None
 Triggered updates sent: 2
 Number of routes changes: 3
More ----
```

图 1.51　network 命令

打开 RIP 的 debugging，如图 1.52 所示，观察 RIP 收发协议报文的情况，看到如下 debugging 信息：

```
<RTA>terminal debugging
<RTA>terminal monitor
<RTA>debugging rip 1 packet
```

```
<RTA>*Jan 20 13:15:34:157 2015 RTA RIP/7/RIPDEBUG: RIP 1 : Sending response on interface GigabitEthernet0/0 f
om 192.168.0.1 to 224.0.0.9
*Jan 20 13:15:34:157 2015 RTA RIP/7/RIPDEBUG:   Packet: version 2, cmd response, length 24
*Jan 20 13:15:34:157 2015 RTA RIP/7/RIPDEBUG:     AFI 2, destination 192.168.1.0/255.255.255.0, nexthop 0.0.0
0, cost 1, tag 0
*Jan 20 13:15:34:158 2015 RTA RIP/7/RIPDEBUG: RIP 1 : Sending response on interface Serial1/0 from 192.168.1.
 to 224.0.0.9
*Jan 20 13:15:34:158 2015 RTA RIP/7/RIPDEBUG:   Packet: version 2, cmd response, length 48
*Jan 20 13:15:34:158 2015 RTA RIP/7/RIPDEBUG:   Authentication-mode: MD5 Digest: c51ddcfb.51583ec9.c6490c6e.3
835aa6
*Jan 20 13:15:34:158 2015 RTA RIP/7/RIPDEBUG:   Sequence: 51583ec9 (206)
*Jan 20 13:15:34:158 2015 RTA RIP/7/RIPDEBUG:     AFI 2, destination 192.168.0.0/255.255.255.0, nexthop 0.0.0
0, cost 1, tag 0
*Jan 20 13:15:36:062 2015 RTA RIP/7/RIPDEBUG: RIP 1 : Receiving response from 192.168.1.2 on Serial1/0
*Jan 20 13:15:36:062 2015 RTA RIP/7/RIPDEBUG:   Packet: version 1, cmd response, length 24
*Jan 20 13:15:36:062 2015 RTA RIP/7/RIPDEBUG:     AFI 2, destination 192.168.2.0, cost 1
*Jan 20 13:15:36:062 2015 RTA RIP/7/RIPDEBUG: RIP 1 : Ignored this packet. Wrong packet version.
```

图 1.52　RIP 的调试状态

```
[RTA-Serial6/0]undo rip split-horizon
```

以上配置命令的含义是在接口 Serial 6/0 上取消水平分割，配置完成后，会看到如图 1.53 所示的 debugging 信息。

```
[RTA-Serial1/0]*Jan 20 13:17:00:656 2015 RTA RIP/7/RIPDEBUG: RIP 1 : Sending response on interface GigabitEthe
rnet0/0 from 192.168.0.1 to 224.0.0.9
*Jan 20 13:17:00:656 2015 RTA RIP/7/RIPDEBUG:   Packet: version 2, cmd response, length 24
*Jan 20 13:17:00:656 2015 RTA RIP/7/RIPDEBUG:     AFI 2, destination 192.168.1.0/255.255.255.0, nexthop 0.0.0.
0, cost 1, tag 0
*Jan 20 13:17:00:656 2015 RTA RIP/7/RIPDEBUG: RIP 1 : Sending response on interface Serial1/0 from 192.168.1.1
 to 224.0.0.9
*Jan 20 13:17:00:656 2015 RTA RIP/7/RIPDEBUG:   Packet: version 2, cmd response, length 68
*Jan 20 13:17:00:656 2015 RTA RIP/7/RIPDEBUG:   Authentication-mode: MD5 Digest: b64b1369.ea7ee03c.6f6dae6f.f0
e2d9ba
*Jan 20 13:17:00:656 2015 RTA RIP/7/RIPDEBUG:   Sequence: ea7ee03c (291)
*Jan 20 13:17:00:656 2015 RTA RIP/7/RIPDEBUG:     AFI 2, destination 192.168.0.0/255.255.255.0, nexthop 0.0.0.
0, cost 1, tag 0
*Jan 20 13:17:00:656 2015 RTA RIP/7/RIPDEBUG:     AFI 2, destination 192.168.1.0/255.255.255.0, nexthop 0.0.0.
0, cost 1, tag 0
```

图 1.53　取消水平分割

由以上输出可知，在水平分割功能关闭的情况下，RTA 在接口 Serial6/0 上发送的路由更新包含了路由 192.168.0.0、192.168.1.0 和 192.168.2.0。也就是说，路由器把从接口 Serial6/0 学到的路由 192.168.2.0 又从该接口发送了出去。这样容易造成路由环路。

另外一种避免环路的方法是毒性逆转。在 RTA 的接口 Serial6/0 上启用毒性逆转，在以下指令的空格中补充完整的配置命令。

```
[RTA-Serial6/0]rip poison-reverse
```

配置完成后，看到如图 1.54 所示 debugging 信息。

```
[RTA-Serial1/0]*Jan 20 13:19:35:156 2015 RTA RIP/7/RIPDEBUG: RIP 1 : Sending response on interface GigabitEthernet0/0 from 192.168.0.1 to 22
*Jan 20 13:19:35:156 2015 RTA RIP/7/RIPDEBUG:   Packet: version 2, cmd response, length 24
*Jan 20 13:19:35:157 2015 RTA RIP/7/RIPDEBUG:     AFI 2, destination 192.168.1.0/255.255.255.0, nexthop 0.0.0.0, cost 1, tag 0
*Jan 20 13:19:35:157 2015 RTA RIP/7/RIPDEBUG: RIP 1 : Sending response on interface Serial1/0 from 192.168.1.1 to 224.0.0.9
*Jan 20 13:19:35:157 2015 RTA RIP/7/RIPDEBUG:   Packet: version 2, cmd response, length 48
*Jan 20 13:19:35:157 2015 RTA RIP/7/RIPDEBUG:   Authentication-mode: MD5 Digest: 0451d100.1df0a658.5a69ca65.bb6bff8f
*Jan 20 13:19:35:157 2015 RTA RIP/7/RIPDEBUG:   Sequence: 1df0a658 (439)
*Jan 20 13:19:35:157 2015 RTA RIP/7/RIPDEBUG:     AFI 2, destination 192.168.0.0/255.255.255.0, nexthop 0.0.0.0, cost 1, tag 0
```

图 1.54　启用毒性逆转

由以上输出信息可知，启用毒性逆转后，RTA 在接口 Serial 6/0 上发送的路由更新包含了路由 192.168.2.0，但度量值为 16（无穷大）。相当于显式地告诉 RTB，从 RTA 的接口 Serial6/0 上不能到达网络 192.168.2.0。

在 RTA 上添加如下配置：

```
[RTA-Serial6/0]rip authentication-mode md5 rfc2453 aaaaa
```

以上配置命令的含义是在接口 S6/0 下启动 RIPv2 的 MD5 密文验证，验证密钥是 aaaaa，并指定 MD5 认证报文使用 RFC 2453 标准的报文格式。

配置 RTB 的 S6/0 启动 RFC 2453 格式的 MD5 认证，密钥为 abcde，在以下指令的空格中填写完整的配置命令。

```
[RTB-Serial6/0]rip authentication-mode md5 rfc2453 abcde
```

因为原有的路由需要过一段时间才能老化，所以可以将接口关闭再启用，加快重新学习路由的过程。例如，关闭后再启用 RTA 的接口 Serial6/0：

```
[RTA-Serial6/0]shutdown
[RTA-Serial6/0]undo shutdown
```

配置完成后，在路由器上查看路由表，如图 1.55 所示，在 RTA 的路由表中没有 RIP 路由，在 RTB 的路由表中也没有 RIP 路由。这是因为认证密码不一致，RTA 不能够学习到对端设备发来的路由。

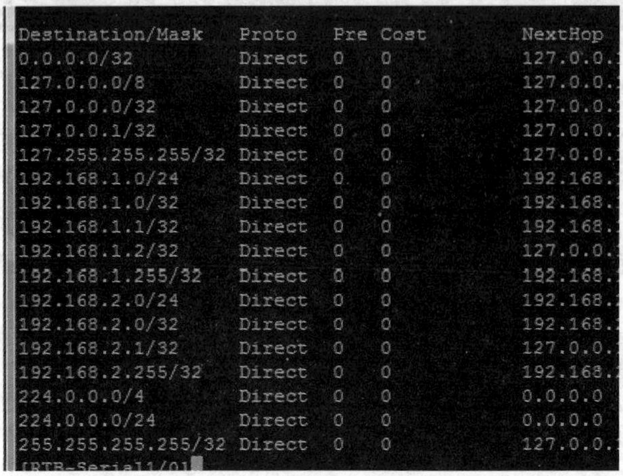

```
Destination/Mask    Proto   Pre Cost        NextHop
0.0.0.0/32          Direct  0   0           127.0.0.
127.0.0.0/8         Direct  0   0           127.0.0.
127.0.0.0/32        Direct  0   0           127.0.0.
127.0.0.1/32        Direct  0   0           127.0.0.
127.255.255.255/32  Direct  0   0           127.0.0.
192.168.1.0/24      Direct  0   0           192.168.
192.168.1.0/32      Direct  0   0           192.168.
192.168.1.1/32      Direct  0   0           192.168.
192.168.1.2/32      Direct  0   0           127.0.0.
192.168.1.255/32    Direct  0   0           192.168.
192.168.2.0/24      Direct  0   0           192.168.
192.168.2.0/32      Direct  0   0           192.168.
192.168.2.1/32      Direct  0   0           127.0.0.
192.168.2.255/32    Direct  0   0           192.168.
224.0.0.0/4         Direct  0   0           0.0.0.0
224.0.0.0/24        Direct  0   0           0.0.0.0
255.255.255.255/32  Direct  0   0           127.0.0.
[RTB-Serial1/0]
```

图 1.55　路由表中没有 RIP 路由

修改 RTB 的 MD5 认证密钥，使其与 RTA 的认证密钥一致，在以下指令的空格中补充完整的配置命令：

```
[RTA-Serial6/0]rip authentication-mode md5 rfc2453 aaaaa
```

配置完成后，等待一段时间后，再查看 RTA 上的路由表，可以看到，RTA 路由表中有了正确的路由 192.168.0.0/24（见图 1.56）。

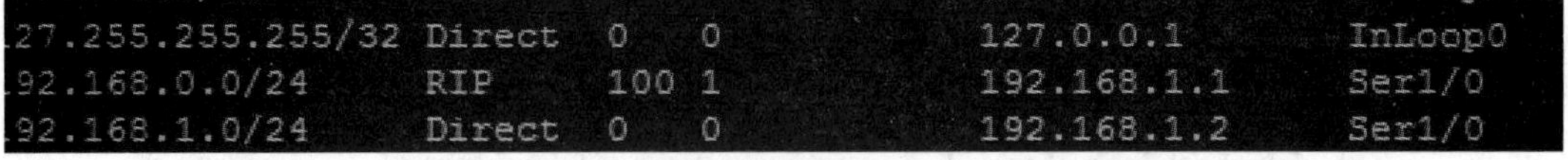

```
27.0.0.1/32          Direct  0    0          127.0.0.1       InLoop0
27.255.255.255/32    Direct  0    0          127.0.0.1       InLoop0
92.168.0.0/24        RIP     100  1          192.168.1.1     Ser1/0
92.168.1.0/24        Direct  0    0          192.168.1.2     Ser1/0
```

图 1.56　两台路由器 MD5 认证密钥一致后的结果

【思考题】

（1）实验中，为什么需要等待一段时间后才能看到正确的路由？

（2）RIP 认证实验中，在 RTA 上查看收发 RIP 协议报文时看不到所配置的密码，这是为什么？

实验十二　OSPF（开放式最短路径优先）协议

【实验目的】

（1）熟悉内部网关协议——OSPF。
（2）熟悉如何配置 OSPF 以及多区域的 OSPF。

【实验设备及器材】

计算机 2 台、路由器 3 台、配置线 1 根、网线 2 根、V.35 线 2 根。

【实验内容和步骤】

按照图 1.57、1.58 所示进行实验组网。

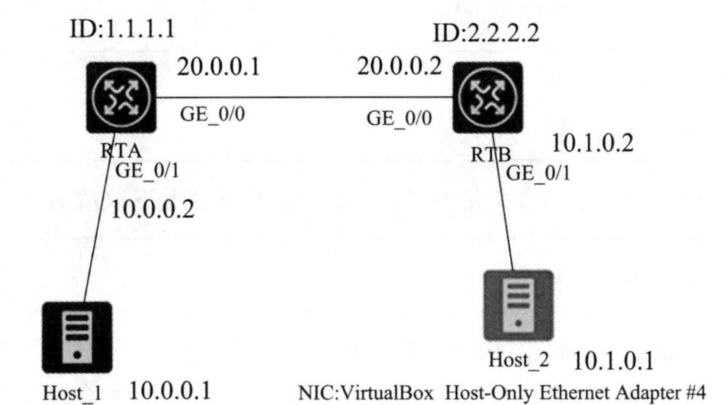

图 1.57　单区域 OSPF

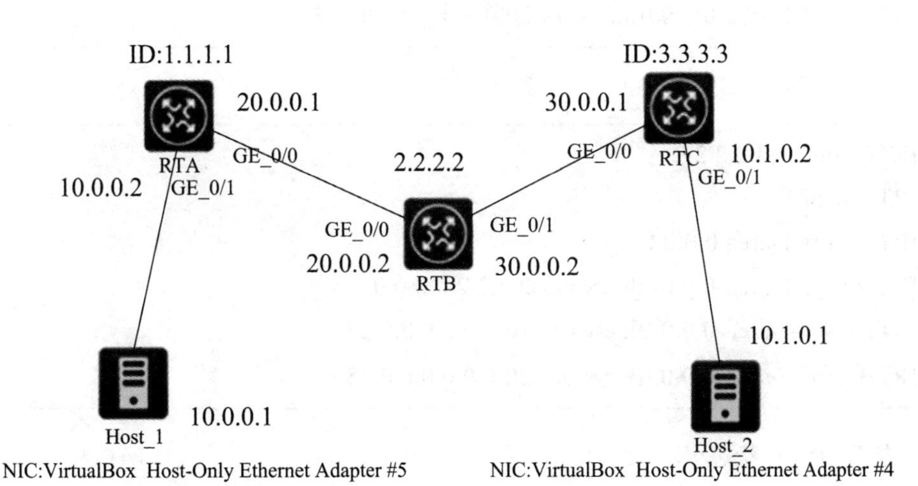

图 1.58　多区域 OSPF

一、单区域 OSPF

如图 1.57 所示，在 Host_1 上“ping”Host_2 (IP 地址为 10.1.0.1)，结果是无法互通，导致这种结果的原因是 RTA 上只有直连路由，没有到达 Host_3 的路由表，故从 Host_1 上来的数据报文无法转发给 Host_2。

```
:\Users\xiaoqiran>ping -S 10.0.0.1 10.1.0.1

在 Ping 10.1.0.1 从 10.0.0.1 具有 32 字节的数
自 10.0.0.1 的回复: 无法访问目标主机。
自 10.0.0.1 的回复: 无法访问目标主机。
```

图 1.59　在 Host_1 上“ping”Host_2

1. 配置 OSPF

在 RTA 上完成以下 OSPF 配置：

```
[RTA]router id 1.1.1.1
[RTA]ospf 1
```

以上配置中，数字 1 的含义是 OSPF 进程号，默认情况下取值为 1。

```
[RTA-ospf-1]area 0.0.0.0
```

在以下的空格中填写最恰当的配置命令：

```
[RTA-ospf-1-area-0.0.0.0]network 1.1.1.1    0.0.0.0
[RTA-ospf-1-area-0.0.0.0]network 10.0.0.0    0.0.0.255
[RTA-ospf-1-area-0.0.0.0]network 20.0.0.0    0.0.0.255
```

在 RTB 上配置 OSPF：

```
[RTB]router id 2.2.2.2
[RTB]ospf 1
[RTB-ospf-1]area 0.0.0.0
[RTB-ospf-1-area-0.0.0.0]network 2.2.2.2 0.0.0.0
[RTB-ospf-1-area-0.0.0.0]network 10.1.0.0 0.0.0.255
[RTB-ospf-1-area-0.0.0.0]network 20.0.0.0 0.0.0.255
```

2. 查看 OSPF 状态

在路由器上可以通过“display ospf peer”命令查看路由器 OSPF 邻居状态。

如图 1.60 所示，通过以上命令在 RTA 上查看路由器 OSPF 邻居状态，依据输出信息，可以看到 RTA 与 Router ID 为 2.2.2.2（RTB）的路由器互为邻居，此时，邻居状态达到 FULL，说明 RTA 和 RTB 之间的链路状态数据库同步，RTA 具备到达 RTB 的路由信息。

```
RTB-GigabitEthernet0/1]dis ospf peer

        OSPF Process 1 with Router ID 2.2.2.2
              Neighbor Brief Information

Area: 0.0.0.0
Router ID        Address          Pri Dead-Time  State              Interface
1.1.1.1          20.0.0.1         1   40         Full/BDR           GE0/0
RTB-GigabitEthernet0/1]
```

图 1.60　查看路由器 OSPF 邻居状态

如图 1.61 所示，在 RTA 上可以使用“display ospf routing”命令查看路由器的 OSPF 路由表。

```
[RTA-GigabitEthernet0/1]dis ospf routing

        OSPF Process 1 with Router ID 1.1.1.1
                 Routing Table

 Routing for network
 Destination        Cost     Type    NextHop         AdvRouter       Area
 20.0.0.0/24        1        Transit 0.0.0.0         2.2.2.2         0.0.0.0
 10.0.0.0/24        1        Stub    0.0.0.0         1.1.1.1         0.0.0.0
 10.1.0.0/24        2        Stub    20.0.0.2        2.2.2.2         0.0.0.0

 Total nets: 3
 Intra area: 3  Inter area: 0  ASE: 0  NSSA: 0
```

图 1.61　查看路由器的 OSPF 路由表

3. 测试连通性

如图 1.62 所示，在 Host_1 上“ping”Host_2(IP 地址为 10.1.0.1)，其结果是可以互通 。在 Host_2 上“ping”Host_1(IP 地址为 10.0.0.1)，其结果是可以互通。

```
C:\Users\xiaoqiran>ping -S 10.0.0.1 10.1.0.1

正在 Ping 10.1.0.1 从 10.0.0.1 具有 32 字节的数据:
来自 10.1.0.1 的回复: 字节=32 时间=2ms TTL=62
来自 10.1.0.1 的回复: 字节=32 时间=1ms TTL=62
来自 10.1.0.1 的回复: 字节=32 时间=2ms TTL=62
来自 10.1.0.1 的回复: 字节=32 时间=1ms TTL=62
```

图 1.62　测试连通性

二、多区域 OSPF

1. 配置各个接口的 IP 地址

RTA 的两个接口都属于 OSPF 区域 0，RTB 的两个接口分别属于 OSPF 区域 0 和区域 1，RTC 的两个接口都属于 OSPF 区域 1。依据该区域划分完成基本 OSPF 配置。

在 RTA 完成基本 OSPF 配置，并在相关网段使能 OSPF：

```
[RTA]router id 1.1.1.1
[RTA]ospf 1
[RTA-ospf-1]area 0.0.0.0
[RTA-ospf-1-area-0.0.0.0]network 1.1.1.1 0.0.0.0
[RTA-ospf-1-area-0.0.0.0]network 10.0.0.0 0.0.0.255
[RTA-ospf-1-area-0.0.0.0]network 20.0.0.0 0.0.0.255
```

在 RTB 完成基本 OSPF 配置，并配置正确的区域以及在相关网段使能 OSPF：

```
[RTB]router id 2.2.2.2
[RTB]ospf 1
[RTB-ospf-1]area 0.0.0.0
[RTB-ospf-1-area-0.0.0.0]network 2.2.2.2 0.0.0.0
[RTB-ospf-1-area-0.0.0.0]network 20.0.0.0 0.0.0.255
[RTB-ospf-1-area-0.0.0.0]quit
[RTB-ospf-1-area]area 1
[RTB-ospf-1-area-0.0.0.1]network 30.0.0.0 0.0.0.255
```

在 RTC 上完成基本 OSPF 配置，并在相关网段使能 OSPF：

```
[RTC]router id 3.3.3.3
[RTC]ospf 1
[RTC-ospf-1]area 1
[RTC-ospf-1-area-0.0.0.1]network 3.3.3.3 0.0.0.0
[RTC-ospf-1-area-0.0.0.1]network 10.1.0.0 0.0.0.255
[RTC-ospf-1-area-0.0.0.1]network 30.0.0.0 0.0.0.255
```

2. 查看 OSPF 状态

在 RTB 上使用“display ospf peer”查看路由器 OSPF 邻居状态，如图 1.63 所示，根据输出信息可以得知，在 Area 0.0.0.0 内，RTB 的 G0/0 接口与 RTA 配置 IP 地址为 20.0.0.1 的接口建立邻居关系，该邻居所在的网段为 20.0.0.0/24，RTB 配置 IP 地址为 20.0.0.2 的接口为该网段的 DR 路由器；在 Area 0.0.0.1 内，RTB 的 G0/1 接口与 RTC 配置 IP 地址为 30.0.0.1 的接口建立邻居关系，该邻居所在的网段为 30.0.0.0/24，RTC 配置 IP 地址为 30.0.0.1 的接口为该网段的 DR 路由器。

```
[RTB-ospf-1-area-0.0.0.1]dis ospf peer

         OSPF Process 1 with Router ID 2.2.2.2
               Neighbor Brief Information

 Area: 0.0.0.0
 Router ID       Address          Pri Dead-Time  State             Interface
 1.1.1.1         20.0.0.1         1   31         Full/DR           GE0/0

 Area: 0.0.0.1
 Router ID       Address          Pri Dead-Time  State             Interface
 3.3.3.3         30.0.0.1         1   32         Full/BDR          GE0/1
[RTB-ospf-1-area-0.0.0.1]
```

图 1.63　RTB 的 OSPF 邻居状态

如图 1.64 所示，在 RTB 上使用“display ospf routing”命令查看路由器 OSPF 路由表，使用“display ip routing-table”命令查看路由器全局路由表。

```
[RTB-ospf-1-area-0.0.0.1]dis ospf routing

         OSPF Process 1 with Router ID 2.2.2.2
                  Routing Table

 Routing for network
 Destination        Cost     Type     NextHop         AdvRouter       Area
 20.0.0.0/24        1        Transit  0.0.0.0         1.1.1.1         0.0.0.0
 10.0.0.0/24        2        Stub     20.0.0.1        1.1.1.1         0.0.0.0
 10.1.0.0/24        2        Stub     30.0.0.1        3.3.3.3         0.0.0.1
 30.0.0.0/24        1        Transit  0.0.0.0         2.2.2.2         0.0.0.1

 Total nets: 4
 Intra area: 4  Inter area: 0  ASE: 0  NSSA: 0
```

图 1.64　查看 RTB 的 OSPF 路由表

经测试两台 PC 可以互相“ping”通（见图 1.65）。

```
C:\Users\xiaoqiran>ping -S 10.0.0.1 10.1.0.1

正在 Ping 10.1.0.1 从 10.0.0.1 具有 32 字节的数据:
来自 10.1.0.1 的回复: 字节=32 时间=3ms TTL=61
来自 10.1.0.1 的回复: 字节=32 时间=1ms TTL=61
来自 10.1.0.1 的回复: 字节=32 时间=1ms TTL=61
来自 10.1.0.1 的回复: 字节=32 时间=3ms TTL=61
```

图 1.65 两台 PC 的连通性

【思考题】

（1）在 OSPF 区域内指定网段接口上启动 OSPF 时，是否必须包含 Router ID 的地址？为什么配置时往往会将 Router ID 的地址包含在内？

（2）如何通过配置 OSPF 接口 cost 来实现路由器路由备份？

实验十三　ACL（访问控制列表）

【实验目的】

1. 了解 ACL 的组成部分。
2. 了解 ACL 的作用。
3. 了解 ACL 的几个分类，熟悉 ACL 规则。

【实验设备及器材】

计算机 2 台、路由器 2 台、配置线 1 根、网线 2 根、V.35 线 1 根。

【实验内容和步骤】

按照图 1.66 所示进行实验组网。

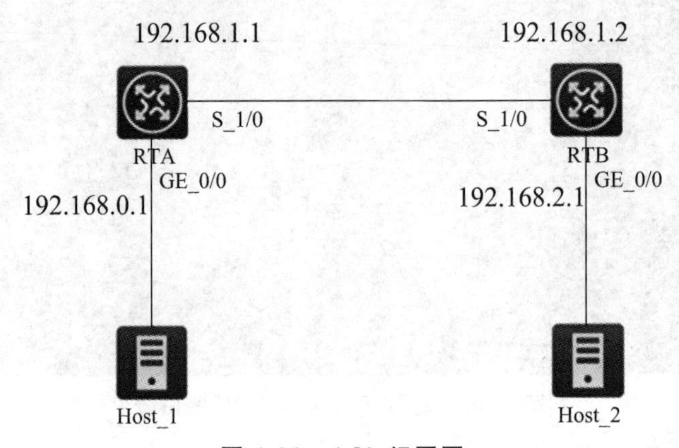

图 1.66　ACL 组网图

一、基础 ACL

1. 配制 RIP（路由信息协议）达到全网通

使用静态路由达到全网通，如图 1.67 所示，两台主机可以“ping”通。

```
[RTA]ip route-static 192.168.2.0 24 192.168.1.2
[RTB]ip route-static 192.168.0.0 24 192.168.1.1
```

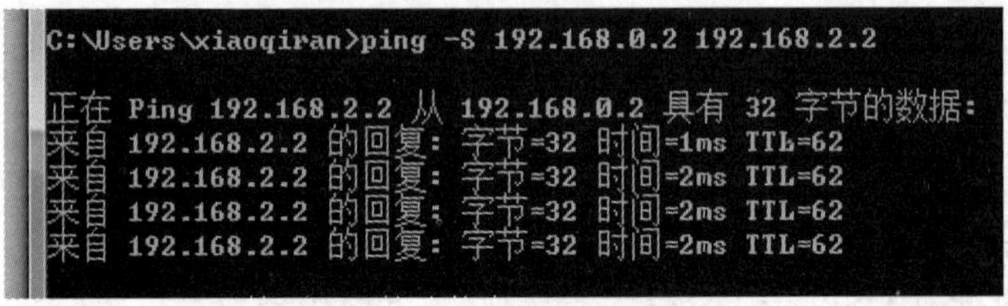

```
C:\Users\xiaoqiran>ping -S 192.168.0.2 192.168.2.2

正在 Ping 192.168.2.2 从 192.168.0.2 具有 32 字节的数据:
来自 192.168.2.2 的回复: 字节=32 时间=1ms TTL=62
来自 192.168.2.2 的回复: 字节=32 时间=2ms TTL=62
来自 192.168.2.2 的回复: 字节=32 时间=2ms TTL=62
来自 192.168.2.2 的回复: 字节=32 时间=2ms TTL=62
```

图 1.67　两台主机的连通性

2. **配置基本 ACL**

基本 ACL 的编号范围是 2000 ~ 2999。

```
[RTA]acl basic 2001 [RTA]acl number 2000
[RTA-acl-ipv4-basic-2001]rule deny source 192.168.0.2 0.0.0.0
```

3. **在 RTA 的接口上应用 ACL 确保 ACL 生效**

```
[RTA-GigabitEthernet0/0]packet-filter 2001 inbound
```

如图 1.68 所示，现在"ping"不通。

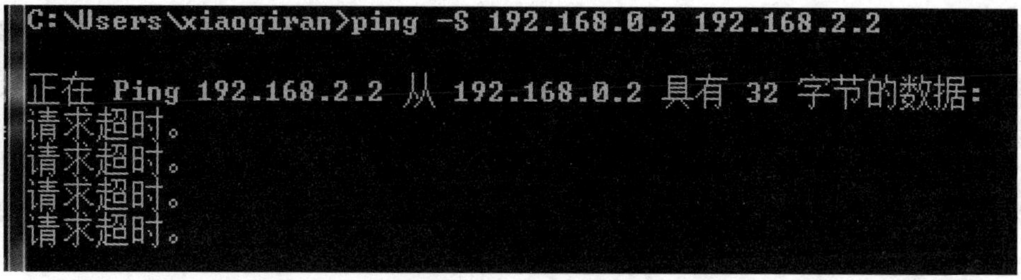

```
C:\Users\xiaoqiran>ping -S 192.168.0.2 192.168.2.2

正在 Ping 192.168.2.2 从 192.168.0.2 具有 32 字节的数据:
请求超时。
请求超时。
请求超时。
请求超时。
```

图 1.68　配置 ACL 后两台主机的连通性

如图 1.69 所示，同时在 RTA 上通过命令"display acl 2001"查看 ACL 的统计，其输出信息显示已成功禁止了 192.168.0.2 的入网。

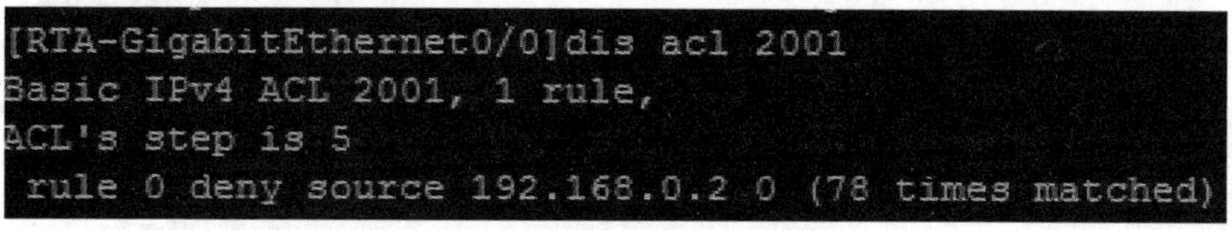

```
[RTA-GigabitEthernet0/0]dis acl 2001
Basic IPv4 ACL 2001, 1 rule,
ACL's step is 5
 rule 0 deny source 192.168.0.2 0 (78 times matched)
```

图 1.69　查看 ACL 的统计

二、高级 ACL

（1）配置高级 ACL 并选择目的地址，规则定义协议 FTP。

```
[RTA]acl advanced 3002
[RTA-acl-ipv4-adv-3002]rule deny tcp source 192.168.0.2 0.0.0.0 destination 192.168.2.1 0.0.0.255 destination-port eq ftp
[RTA-acl-ipv4-adv-3002]rule permit ip source 192.168.0.2 0.0.0.0 destination 192.168.2.0 0.0.0.255
[RTA-GigabitEthernet0/0]packet-filter 3002 inbound
```

（2）在 Host_1 上使用"ping"命令来测试从 Host_1 到 Host_2 的可达性，如图 1.70 所示，"ping"的结果是可达。

（3）在 Host_2 上开启 FTP 服务，然后在 Host_1 上使用 FTP 客户端软件连接到 Host_2，结果应该是 FTP 请求被拒绝。

```
C:\Users\xiaoqiran>ping -S 192.168.0.2 192.168.2.2

正在 Ping 192.168.2.2 从 192.168.0.2 具有 32 字节的数据:
来自 192.168.2.2 的回复: 字节=32 时间=2ms TTL=62
来自 192.168.2.2 的回复: 字节=32 时间=2ms TTL=62
来自 192.168.2.2 的回复: 字节=32 时间=3ms TTL=62
来自 192.168.2.2 的回复: 字节=32 时间=2ms TTL=62
```

图 1.70 配置高级 ACL 后两台主机的连通性

（4）同时在 RTA 上通过命令“display acl 3002”查看 ACL 的统计，其输出信息，如图 1.71 所示。

```
[RTA-GigabitEthernet0/0]dis acl 3002
Advanced IPv4 ACL 3002, 2 rules,
ACL's step is 5
 rule 0 deny tcp source 192.168.0.2 0 destination 192.168.2.0 0.0.0.255 destination-port eq ftp
 rule 5 permit ip source 192.168.0.2 0 destination 192.168.2.0 0.0.0.255 (1 times matched)
```

图 1.71 查看 ACL3002 的统计

【思考题】

在配置高级 ACL 中，可以把 ACL 应用在 RTB 上吗?

实验十四　IPSec（IP Security）协议

【实验目的】

（1）了解 IPSec 协议的原理。
（2）熟悉 IPSec 协议的使用及其配置。

【实验设备及器材】

计算机 2 台、路由器 3 台、配置线 1 根、网线 2 根、V.35 线 2 根。

【实验内容和步骤】

按照图 1.72 所示进行实验组网。

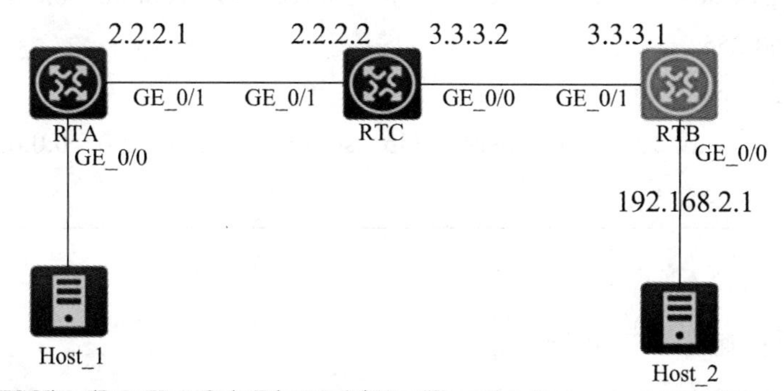

图 1.72　IPSec 协议组网图

1. 配置 ZP

配置各个接口 IP，然后配置每个路由器静态路由达到全网通。

```
[RTA]ip route-static 0.0.0.0 0.0.0.0 2.2.2.2
```

在 RTB 上配置去往 PCA 的静态路由。

```
[RTB]ip route-static 0.0.0.0 0.0.0.0 3.3.3.2
```

在 RTC 上需要配置两条静态路由才能确保网络互通，如图 1.73 所示测试两台主机的连通性。

```
[RTC] ip route-static192.168.0.0 255.255.255.0 2.2.2.1
[RTC] ip route-static192.168.2.0 255.255.255.0 3.3.3.1
```

```
C:\Users\xiaoqiran>ping -S 192.168.0.2 192.168.2.2

正在 Ping 192.168.2.2 从 192.168.0.2 具有 32 字节的数据:
来自 192.168.2.2 的回复: 字节=32 时间=2ms TTL=61
来自 192.168.2.2 的回复: 字节=32 时间=3ms TTL=61
来自 192.168.2.2 的回复: 字节=32 时间=2ms TTL=61
来自 192.168.2.2 的回复: 字节=32 时间=2ms TTL=61

192.168.2.2 的 Ping 统计信息:
    数据包: 已发送 = 4, 已接收 = 4, 丢失 = 0 (0% 丢失),
往返行程的估计时间(以毫秒为单位):
```

图 1.73 测试两台主机的连通性

2. 配置 ACL 过滤

```
[RTA]acl advanced 3101
[RTA-acl-ipv4-adv-3101]rule permit ip source 192.168.0.0 0.0.0.255 destination 192.168.2.0 0.0.0.255
[RTB]acl advanced 3031
[RTB-acl-ipv4-adv-3031]rule permit ip source 192.168.2.0 0.0.0.255 destination 192.168.0.0 0.0.0.255
```

3. 定义安全协议

如图 1.74 所示查看 ACL 规则。

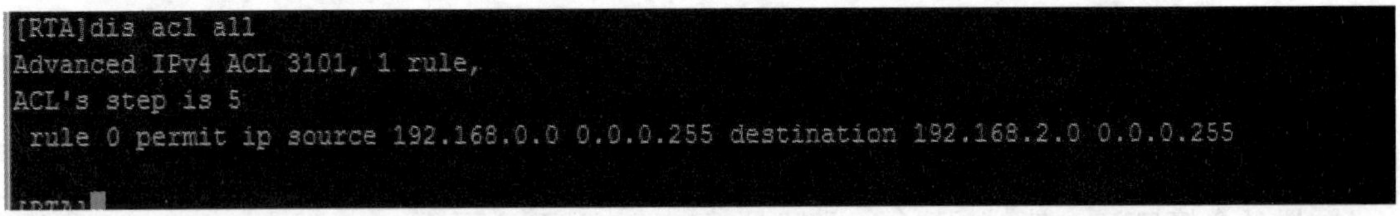

```
[RTA]dis acl all
Advanced IPv4 ACL 3101, 1 rule,
ACL's step is 5
 rule 0 permit ip source 192.168.0.0 0.0.0.255 destination 192.168.2.0 0.0.0.255

[RTA]
```

图 1.74 显示 ACL 规则

安全提议保存 IPSec 需要使用的特定安全协议、加密/认证算法及封装模式，为 IPSec 协商安全联盟（SA）提供各种安全参数。

在 RTA 上配置定义安全提议，创建名为 tran1 的安全提议：

```
[RTA] ipsec proposal tran1
```

定义报文封装形式采用隧道模式：

```
[RTA-ipsec-proposal-tran1] encapsulation-mode tunnel
```

定义安全协议采用 ESP 协议：

```
[RTA-ipsec-proposal-tran1] transform esp
```

定义加密算法采用 DES，认证算法采用 HMAC-SHA-1-96：

```
[RTA-ipsec-proposal-tran1] esp encryption-algorithm des
[RTA-ipsec-proposal-tran1] esp authentication-algorithm sha1
```

在 RTB 上完成以上的安全参数配置，除安全提议名称配置可以不同，其他参数配置均和 RTA 配置一致。

配置 IKE 对等体在 RTA 上创建名为 test 的对等体：

```
[RTA] ike peer test
```

配置预共享密钥为 abcde：

```
[RTA-ike-peer-test] pre-shared-key abcde
```

指定对端网关设备的 IP 地址：

```
[RTA-ike-peer-test] remote-address 3.3.3.1
```

在 RTB 上创建名为 test 的对等体：

```
[RTB] ike peer test
```

配置预共享密钥为 abcde：

```
[RTB-ike-peer-test] pre-shared-key abcde
```

指定对端网关设备的 IP 地址：

```
[RTB-ike-peer-test] remote-address 2.2.2.1
```

4. 创建安全策略

安全策略规定了对什么样的数据流采用什么样的安全提议。

在 RTA 上创建安全策略：

```
[RTA] ipsec policy RT 10 isakmp
```

以上配置命令中，RT、10、isakmp 的含义分别为：

RTA 是安全策略的名字；10 是安全策略的顺序号；isakmp 表示通过 IKE 协商方式建立

安全联盟。

定义安全策略引用访问控制列表：

```
[RTA-ipsec-policy-isakmp-RT-10] security acl 3101
```

定义安全策略引用安全提议，在空格处补充完整配置：

```
[RTA-ipsec-policy-isakmp-RT-10] proposal  tran1
```

定义安全策略引用 IKE 对等体，在空格处补充完整配置：

```
[RTA-ipsec-policy-isakmp-RT-10] ike-peer  test
```

在 RTB 上完成以上配置。

5. 在接口上引用安全策略组

在 RTA 的 G0/1 接口上引用安全策略组才能使 IPSEC 配置生效，请在下面的空格中补充完整的配置：

```
[RTA] interface g0/1
[RTA-GigabitEthernet0/1]ipsec policy RT
```

配置 RTB 接口上引用安全策略组：

```
[RTB] interface g0/1
[RTB-GigabitEthernet0/1]ipsec policy RT
```

6. 验证 IPSec 加密

在 RTB 上执行“ping -a 192.168.2.1 192.168.1.1”，如图 1.75 所示，其结果是可以 ping 通。

```
RT2-GigabitEthernet0/0/1]ping -a 192.168.2.1 192.168.0.1
 PING 192.168.0.1: 56  data bytes, press CTRL_C to break
   Request time out
   Reply from 192.168.0.1: bytes=56 Sequence=2 ttl=255 time=25 ms
   Reply from 192.168.0.1: bytes=56 Sequence=3 ttl=255 time=24 ms
   Reply from 192.168.0.1: bytes=56 Sequence=4 ttl=255 time=15 ms
   Reply from 192.168.0.1: bytes=56 Sequence=5 ttl=255 time=40 ms

 --- 192.168.0.1 ping statistics ---
   5 packet(s) transmitted
   4 packet(s) received
```

图 1.75　在 RTB 上测试与 RTA 的连通性

如图 1.76 所示，在 RTB 上使用“display ipsec sa”命令查看安全联盟的相关信息。

```
[RT2-GigabitEthernet0/0/1]dis ipsec sa
===============================
Interface: GigabitEthernet0/0/1
    path MTU: 1500
===============================

  -----------------------------
  IPsec policy name: "rt"
  sequence number: 10
  mode: isakmp
  -----------------------------
    connection id: 1
    encapsulation mode: tunnel
    perfect forward secrecy:
    tunnel:
        local  address: 3.3.3.1
        remote address: 2.2.2.1
    flow:
        sour addr: 192.168.2.0/255.255.255.0  port: 0
        dest addr: 192.168.0.0/255.255.255.0  port: 0

    [inbound ESP SAs]
      spi: 2625487907 (0x9c7dc423)
      proposal: ESP-ENCRYPT-DES ESP-AUTH-SHA1
      sa duration (kilobytes/sec): 1843200/3600
      sa remaining duration (kilobytes/sec): 1843199/
      max received sequence-number: 4
      anti-replay check enable: Y
      anti-replay window size: 32
      udp encapsulation used for nat traversal: N

    [outbound ESP SAs]
      spi: 1337693630 (0x4fbb95be)
      proposal: ESP-ENCRYPT-DES ESP-AUTH-SHA1
      sa duration (kilobytes/sec): 1843200/3600
      sa remaining duration (kilobytes/sec): 1843199/
      max received sequence-number: 5
      udp encapsulation used for nat traversal: N
```

图 1.76　查看安全联盟

可以在 RTB 上通过命令“display ike sa”查看 IKE SA 的详细信息，如图 1.77 所示，从该命令的输出信息可以看到：peer 的 IP 地址为 2.2.2.1，结果中显示 phase 1 和 phase 2 的 flag 标志为 RD|ST

```
[RT2-GigabitEthernet0/0/1]dis ike sa
    total phase-1 SAs:  1
    connection-id  peer            flag          phase   doi
  ------------------------------------------------------------
     1             2.2.2.1         RD|ST           1     IPSEC
     2             2.2.2.1         RD|ST           2     IPSEC

  flag meaning
  RD--READY ST--STAYALIVE RL--REPLACED FD--FADING TO--TIMEOUT
[RT2-GigabitEthernet0/0/1]
```

图 1.77　查看 IKE SA

可以在 RTB 上执行“display ipsec statistics”查看 IPSec 处理报文的统计信息，结果如图 1.78 所示，记录下输出信息中的 input/output security packets、input/output security bytes 项目数值，然后再次在 RTB 上执行“ping -a 192.168.2.1 192.168.1.1”命令，待命令执行结束后，再次查看输出信息中的 input/output security packets、input/output security bytes 项目数值，发现数值增加。说明已经匹配 IPSec 安全隧道。

```
[RT2-GigabitEthernet0/0/1]dis ipsec statistics
  the security packet statistics:
    input/output security packets: 4/4
    input/output security bytes: 352/352
    input/output dropped security packets: 0/1
    dropped security packet detail:
      not enough memory: 0
      can't find SA: 1
      queue is full: 0
      authentication has failed: 0
      wrong length: 0
      replay packet: 0
      packet too long: 0
      wrong SA: 0
```

图 1.78　查看 IPSec 处理报文的统计信息

执行“display ipsec session”命令查看 IPSec 会话的信息，如图 1.79 所示，根据其输出结果，可以看到 session flow 的匹配次数以及该 session 的 Sour addr 和 Dest Addr。

```
[RT2-GigabitEthernet0/0/1]dis ipsec session
    -------------------------------------------------------------
    total sessions : 1
    -------------------------------------------------------------
    tunnel-id : 1
    session idle time/total duration (sec) : 15/300

    session flow :       (4 times matched)
        Sour Addr : 192.168.2.1            Sour Port:    0  Protocol : 1
        Dest Addr : 192.168.0.1            Dest Port:    0  Protocol : 1
```

图 1.79　查看 IPSec 会话

执行“display ipsec tunnel”命令查看 IPSec 隧道的信息，如图 1.80 所示。

```
[RT2-GigabitEthernet0/0/1]display  ipsec tunnel
    total tunnel : 1
    ------------------------------------------------
    connection id: 1
    perfect forward secrecy:
    SA's SPI:
        inbound:  2625487907 (0x9c7dc423) [ESP]
        outbound: 1337693630 (0x4fbb95be) [ESP]
    tunnel:
        local  address: 3.3.3.1
        remote address: 2.2.2.1
    flow:
        sour addr: 192.168.2.0/255.255.255.0  port: 0  protocol: IP
        dest addr: 192.168.0.0/255.255.255.0  port: 0  protocol: IP
    current Encrypt card:
```

图 1.80　查看 IPSec 隧道

【思考题】

为何要在 RTB 上执行“ping-a 192.168.2.1 192.168.1.1”而不是“ping 192.168.1.1”命令？

实验十五　NAT（网络地址转换）

【实验目的】

（1）掌握 Basic NAT 的配置方法。
（2）掌握 NAPT 的配置方法。
（3）掌握 Easy IP 的配置方法。

【实验设备及器材】

计算机 2 台、路由器 3 台、配置线 1 根、网线 2 根、V.35 线 2 根。

【实验内容和步骤】

按照图 1.81 所示进行实验组网。

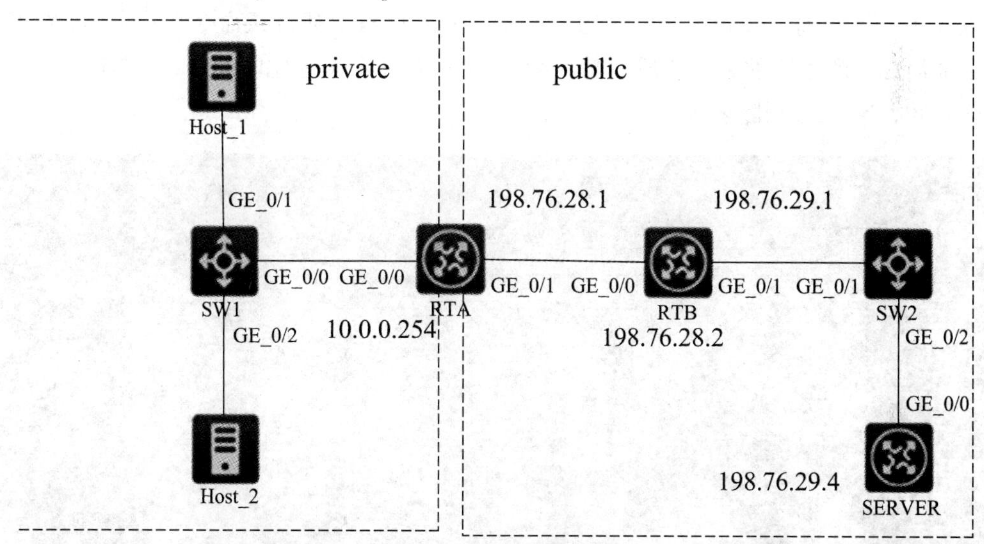

图 1.81　NAT 组网图

一、Basic Nat

1．基本的 IP 和路由配置

在 RTA 上配置默认路由去往公网路由器 RTB，请在下面的空格中补充完整的路由配置：

```
[RTA]ip route-static 0.0.0.0 0 198.76.28.2
```

2. 检查连通性

分别在 Host_1 和 Host_2 上“ping” Server（IP 地址为 198.76.29.4），其结果为无法“ping”通。产生这种结果的原因是在公网路由器上不可能有私网的路由，从 Server 回应的 ping 响应报文到 RTB 的路由表上无法找到 10.0.0.0 网段的路由。

3. 配置 Basic NAT

```
[RTA]acl basic 2000
[RTA-acl-ipv4-basic-2000]rule 0 permit source 10.0.0.0 0.0.0.255
[RTA]nat address-group 1
[RTA-address-group-1]address 198.76.28.11 198.76.28.20//转换范围
[RTA-GigabitEthernet0/1]nat outbound 2000 address-group 1 no-pat
```

完成步骤 3 后立即在 RTA 上通过“display nat session”命令查看 NAT 会话信息，如图 1.82 所示，从输出信息可以看到该 ICMP 报文的源地址 10.0.0.1 已经转换成公网地址 198.76.28.12，目的端口号和源端口号均为 1024。源地址 10.0.0.2 已经转换成公网地址 198.76.28.11，目的端口号和源端口号均为 512。5 min 后再次通过该命令查看表项，发现 NAT 表项全部消失，产生这种现象的原因是 NAT 表项具有一定的老化时间（aging-time），一旦超过老化时间，NAT 会删除表项。

```
[RTA]dis nat session verbose
Slot 0:
Initiator:
  Source      IP/port: 10.0.0.1/1
  Destination IP/port: 198.76.29.4/2048
  DS-Lite tunnel peer: -
  VPN instance/VLAN ID/VLL ID: -/-/-
  Protocol: ICMP(1)
  Inbound interface: GigabitEthernet0/0
Responder:
  Source      IP/port: 198.76.29.4/6
  Destination IP/port: 198.76.28.20/0
  DS-Lite tunnel peer: -
  VPN instance/VLAN ID/VLL ID: -/-/-
  Protocol: ICMP(1)
  Inbound interface: GigabitEthernet0/1
State: ICMP_REQUEST
Application: OTHER
Start time: 2015-01-18 07:42:46  TTL: 55s
Initiator->Responder:            0 packets          0 bytes
Responder->Initiator:            0 packets          0 bytes

Initiator:
```

图 1.82　查看 NAT 会话

二、Easy IP配置

1. 配置 ACL 规则

```
[RTA]acl number 2000
[RTA-acl-basic-2000]rule 0 permit source 10.0.0.0 0.0.0.255
```

2. 在接口视图下 ACL 与接口关联并下发 NAT

```
[RTA] interface    G0/1
[RTA- G0/1] nat outbound 2000
```

3. 检查连通性

从 Host_1、Host_2 分别“ping”Server，其结果是能够“ping”通（见图 1.83）。在 RTA 上通过“display nat session”命令查看 NAT 会话信息，从输出信息可以看到源地址 10.0.0.1 和 10.0.0.2 转换成的公网地址分别为 198.76.28.1 和 198.76.28.4。

```
Initiator:
  Source      IP/port: 10.0.0.1/1
  Destination IP/port: 198.76.28.4/2048
  DS-Lite tunnel peer: -
  VPN instance/VLAN ID/VLL ID: -/-/-
  Protocol: ICMP(1)
  Inbound interface: GigabitEthernet0/0
Responder:
  Source      IP/port: 198.76.28.4/1
  Destination IP/port: 198.76.28.1/0
  DS-Lite tunnel peer: -
  VPN instance/VLAN ID/VLL ID: -/-/-
```

图 1.83　Easy IP 会话信息

三、NAT Server

为了 Server 端能够“ping”通 Host_1，以便 Host_1 对外提供 ICMP 服务，需要在 RTA 上为 Host_1 静态映射公网地址和协议端口，公网地址为 198.76.28.11

在 RTA 上完成 NAT Server 配置，允许 Host_1 对外提供 ICMP 服务。

```
[RTA] interface    G0/1
[RTA-G0/1]nat server protocol icmp global 198.76.28.11 inside 10.0.0.1
```

从 Server 主动“ping”Host_1 的公网地址 198.76.28.11，其结果是可以“ping”通。

在 RTA 上通过“display nat server”命令查看 NAT Server 表项，如图 1.84 所示，表项信息显示了地址 198.76.28.11 和地址 10.0.0.1 的一对一的映射关系。

```
[RTA-GigabitEthernet0/1]dis nat se
[RTA-GigabitEthernet0/1]dis nat server
NAT internal server information:
  Totally 1 internal servers.
  Interface: GigabitEthernet0/1
    Protocol: 1(ICMP)
    Global IP/port: 198.76.28.11/---
    Local IP/port : 10.0.0.1/---
    Config status : Active
```

图 1.84　查看 NAT Server 表项

【思考题】

在本实验中，公网地址池使用公网接口地址段，如果使用其他地址段，需要在 RTB 上增加哪些配置？

第二章 网络服务器的配置

实验一 Windows server 2003 的安装

【实验目的】

通过本实例的学习，学会为服务器选择合适的操作系统并进行安装。

【实验环境】

Windows server 2003 +VMware workstation

【实验内容和步骤】

（1）安装 VMware Workstation Pro，如图 2.1 所示。

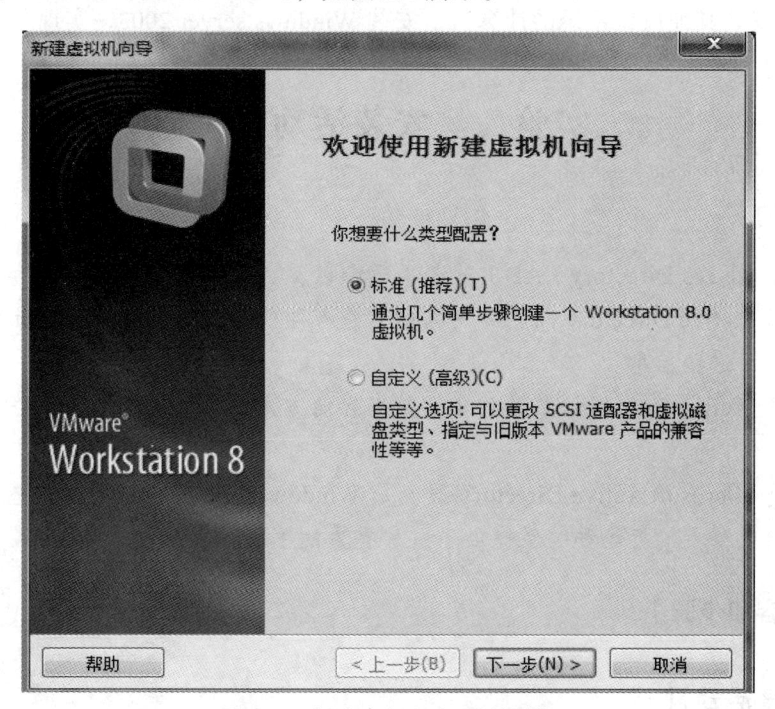

图 2.1 新建虚拟机向导对话框

（2）安装 Windows server 2003，如图 2.2 所示。

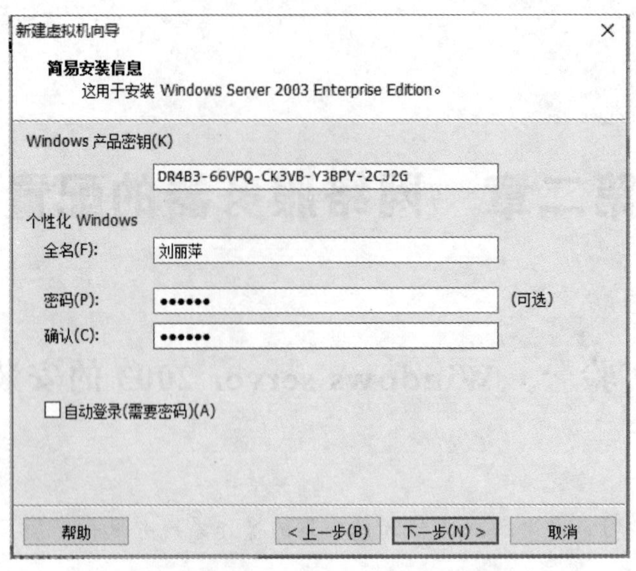

图 2.2　安装 Windows server 2003

注意：① 安装过程中需要选择安装标准。

② 在安装过程中要耐心等待，会稍微费时一点。

【思考题】

如何在已安装其他操作系统的计算机上安装 Windows server 2003，实现双系统共存？

实验二　安装活动目录

【实验目的】

（1）了解 Active Directory（AD）的基本概念以及 AD 服务的服务对象。

（2）知道 Active Directory 对网络对象的信息存储的作用，并且让管理员和用户能够轻松地查找和使用这些信息。

（3）了解 Active Directory 的结构化的数据存储方式，对目录信息进行合乎逻辑的分层组织。

（4）知道 Microsoft Active Directory 服务是 Windows 平台的核心组件，它为用户管理网络环境各个组成要素的标识和关系提供了一种有力的手段。

【实验内容和步骤】

一、创建活动目录

（1）如图 2.3 所示，在“开始”→“管理工具”中选择“配置你的服务器向导”，然后选择“活动目录”。

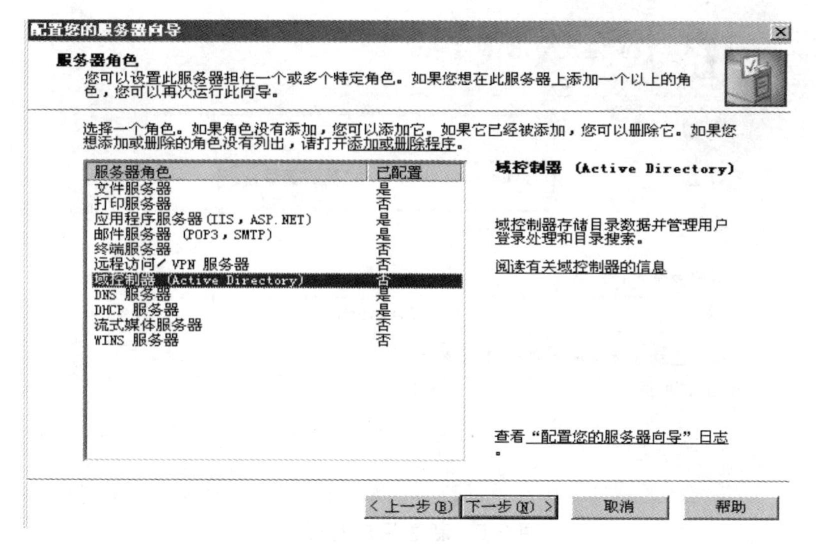

图 2.3 配置你的服务器向导对话框

（2）选择“新域控制器”，然后点击“下一步”。

（3）选择在“新的域名”，然后点击“下一步”。

（4）在“新的域名”对话框中输入“DNS 全名”。

（5）选择默认的域 NETBIOS，点击“下一步”。

（6）将“数据库和日志文件夹”放在默认的指定文件夹下，然后继续点击“下一步”。

（7）输入管理员密码，然后点击“下一步”， 如图 2.4 所示，完成安装。

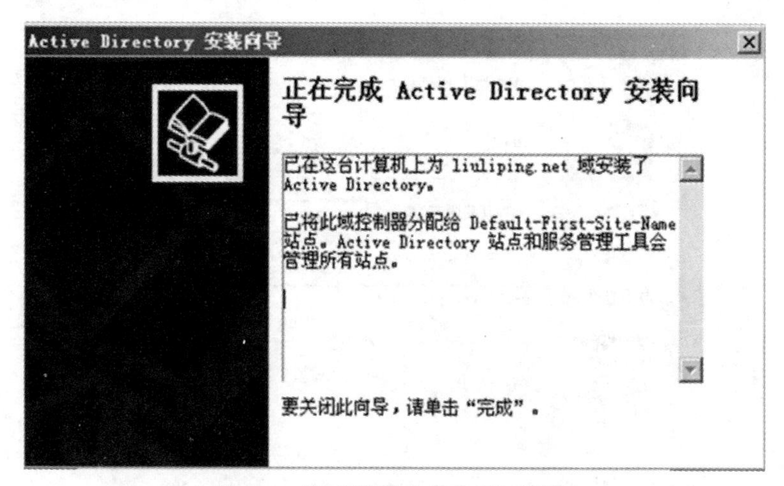

图 2.4 活动目录安装向导对话框

二、创建用户

（1)在“开始”→“管理工具”中，点击进入“active directory 用户和计算机”。在“liuliping.net”中创建新用户，如图 2.5 所示。

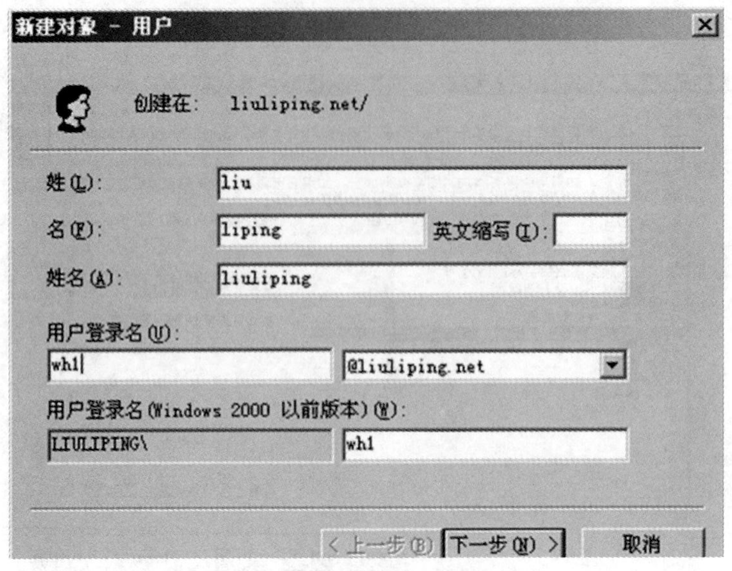

图 2.5　新建用户对话框

（2）在“新建”→“用户”对话框中，填入相应的信息。

（3）填入密码。

三、创建组

（1）在“开始”→“管理工具”中，点击进入“active directory 用户和计算机”。在“liuliping.net”中，右击“新建”→“组”。在“新建对象-组”对话框中输入域名、组名，如图 2.6 所示。

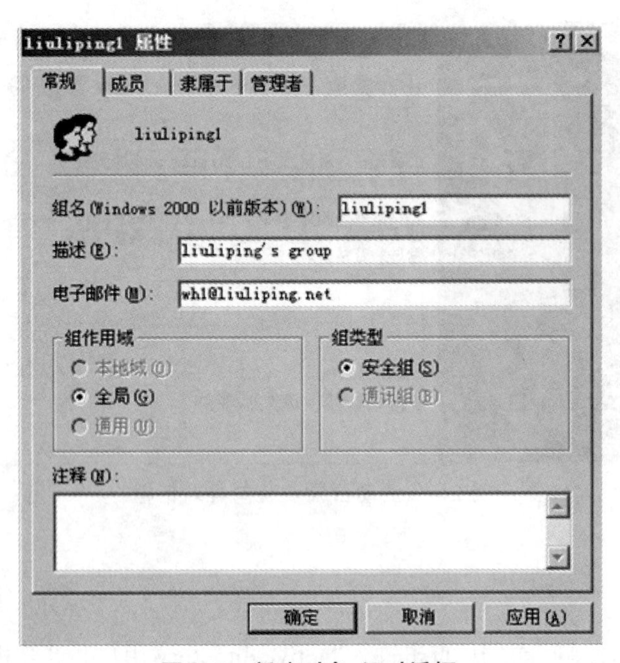

图 2.6　新建对象-组对话框

（2）在组属性对话框中填入相关信息，然后点击“确定”。

四、设置资源共享权限

（1）用右键单击“我的电脑”，选择“管理”，点击“计算机管理”，选择“共享文件夹”→“共享”，右击选择“新建共享”，进入“共享文件夹向导” 指定文件夹路径，如图 2.7 所示。

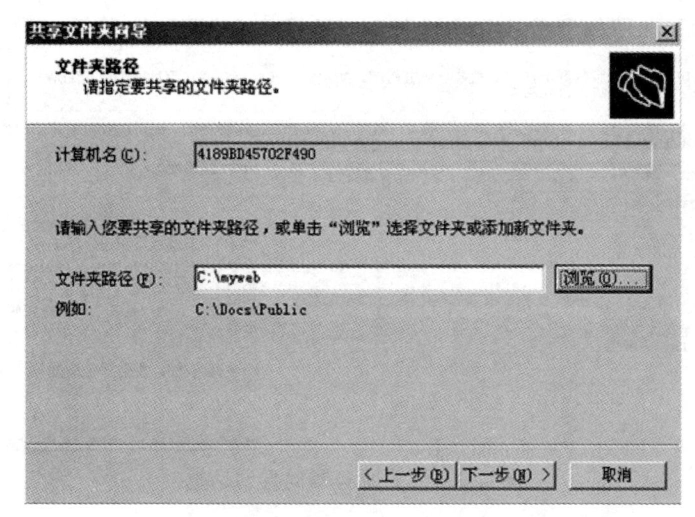

图 2.7　共享文件夹对话框

（2）选择“共享文件夹”→“共享”，右击选择“新建共享”，进入“共享文件夹向导”指定文件夹路径。

（3）添加共享名和描述。

（4）设置共享权限。

（5）共享成功。

【思考题】

如何利用域环境来组织和管理各个教室的计算机？

实验三　DNS 服务器的安装与配置

【实验目的】

（1）了解 DNS（域名系统）服务器的基本概念，知道 DNS 的组成部分。

（2）知道 DNS 是把域名转换成为网络可以识别的 IP 地址，然后进行实际网络通信。

（3）知道互联网的网站都是以一台一台服务器的形式存在的，了解如何访问这些服务器。

【实验内容和步骤】

一、安装 DNS 服务器

在 Windows server 2003 的“开始”→“管理工具”菜单中点击“配置你的服务器向导”命令。如图 2.8 所示，在“服务器角色”列表中单击“DNS 服务器”选项，进入“配置 DNS 服务器向导”页面。

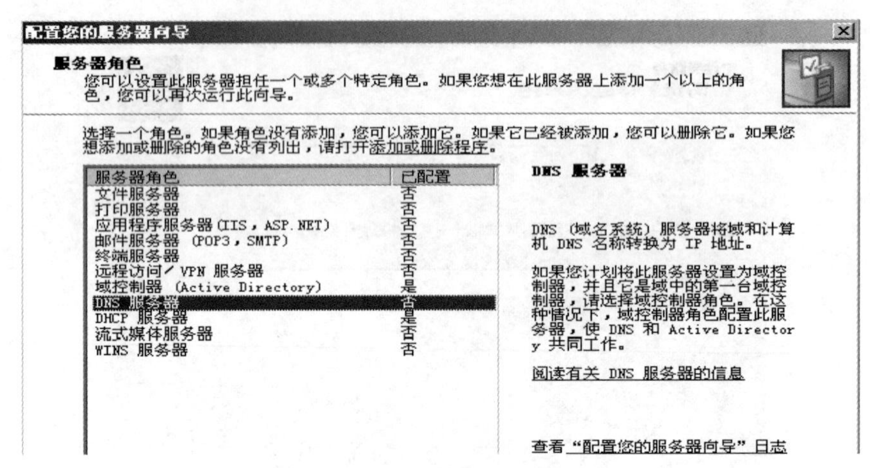

图 2.8 配置服务器向导对话框

（2）在“选择配置操作”页面，选择“创建正向查找区域”，然后单击“下一步”，如图 2.9 所示。

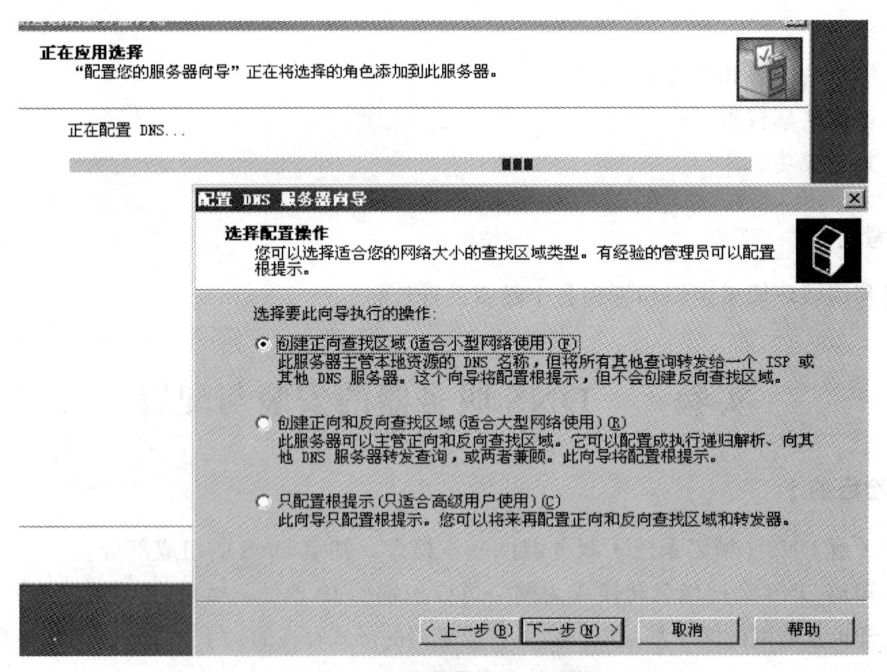

图 2.9 选择配置操作对话框

（3）在“区域名称”页面上的“区域名”中，指定网络的 DNS 区域的名称，然后“下一步”。

（4）在“动态更新”页面，选择“允许不安全和安全的动态更新”。

（5）在“转发器”页面，选择学校的 DNS 服务器转发。

（6）如图 2.10 所示，单击“完成”结束配置操作。

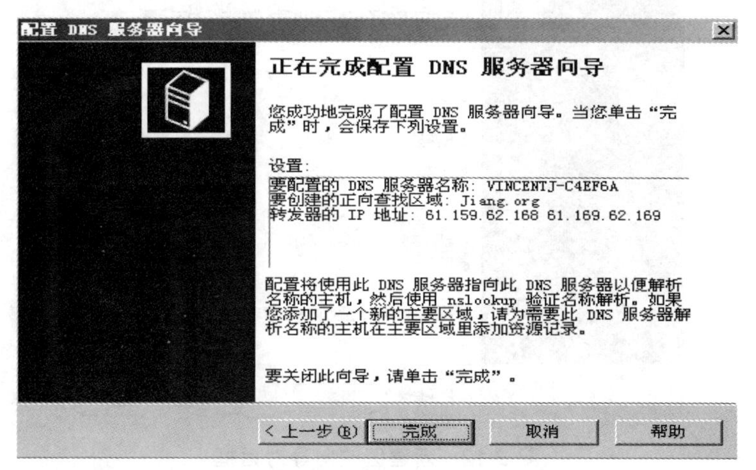

图 2.10　配置 DNS 服务器向导对话框

二、添加 DNS 组件，创建域名

（1）打开添加 Windows 组件窗口。

（2）选择“网络服务”，点击“详细信息”继续。

（3）如图 2.11 所示，选择“确定”并点击“下一步”继续。

（4）如图 2.12 所示，点击“完成”结束配置操作。

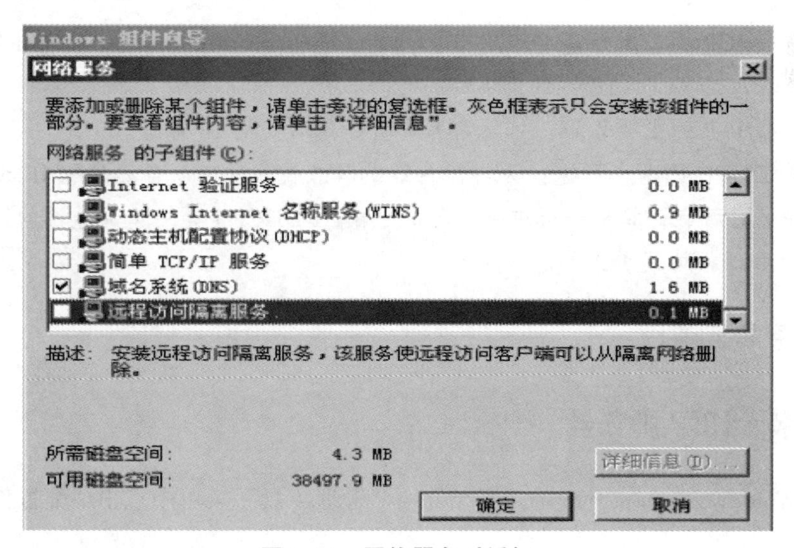

图 2.11　网络服务对话框

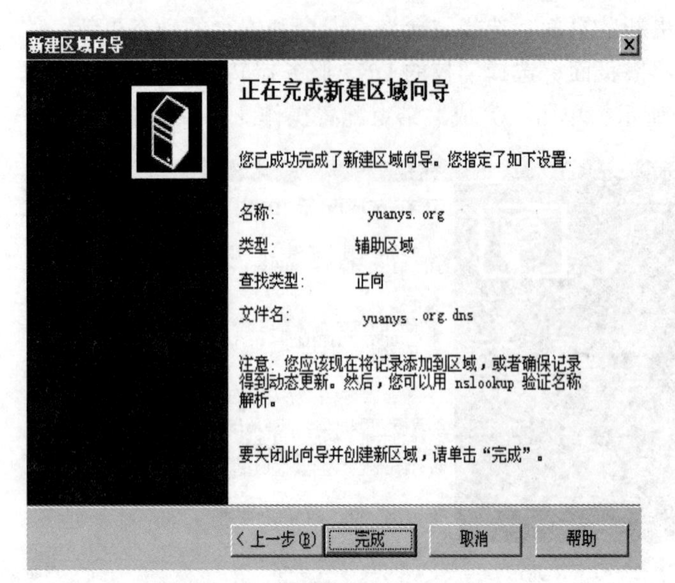

图 2.12　新建区域向导对话框

【思考题】

学校的站点如何对外提供域名服务?

实验四　DHCP 服务器的安装和配置

【实验目的】

（1）知道 DHCP 的基本概念 DHCP 是 Dynamic Host Configuration Protocol（动态主机配置协议）的缩写，是 TCP / IP 协议簇中的一种。

（2）理解 DHCP 的主要作用：给网络客户机分配动态的 IP 地址。

（3）知道 DHCP 的两个用途：为内部网络或网络服务供应商自动分配 IP 地址；为内部网络管理员提供对所有计算机进行中央管理的手段。(DHCP）是一个局域网的网络协议，使用 UDP（用户数据报协议）工作。

【实验内容和步骤】

一、安装 DHCP 服务器

（1）在 Windows server 2003 的“开始”→“管理工具”菜单中点击“配置你的服务器向导”命令。

（2）在“服务器角色”列表中单击“DHCP 服务器”选项，再单击“下一步”按钮，打开“新建作用域导向”导向页（见图 12.3）；

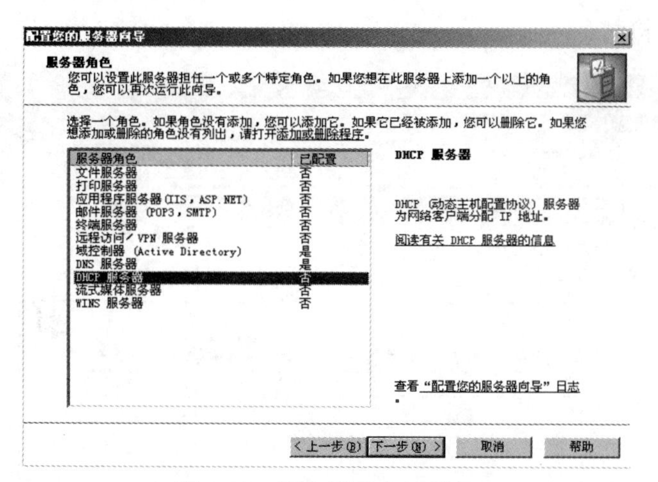

图 2.13 服务器角色对话框

（3）新建 DHCP 作用域，填入作用域名。

（4）在“IP 地址范围”中，输入起始 IP 地址、结束 IP 地址和掩码。

（5）根据实际需要，在“添加排除”页中，配置起始 IP 地址和结束 IP 地址，如果要排除单个 IP 地址，只需在“起始 IP 地址”输入地址。

（6）在“租约期限”窗口中，设置租约的期限，默认为 8 天。

（7）激活作用域。

（8）完成 DHCP 的安装和新建作用域。

（9）配置 Windows 组件，打开网络服务对话框。选择“DHCP”，点击“确定”，如图 2.14 所示。

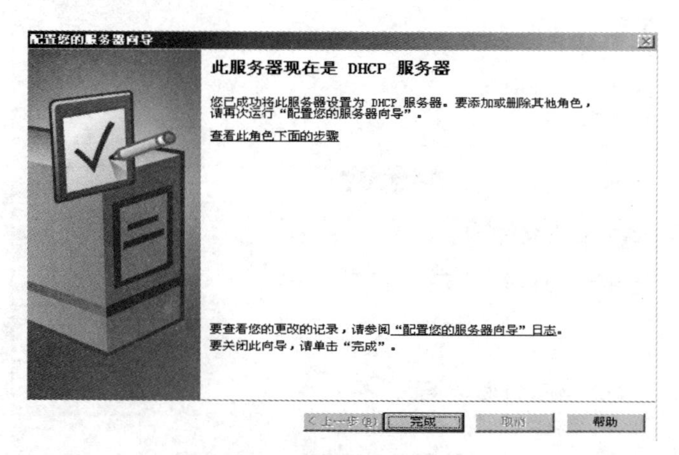

图 2.14 服务器角色对话框

二、对 DHCP 服务进行配置管理

（1）打开 DHCP 控制台。

（2）如图 2.15 所示，添加服务器。

（3）设置冲突检测。

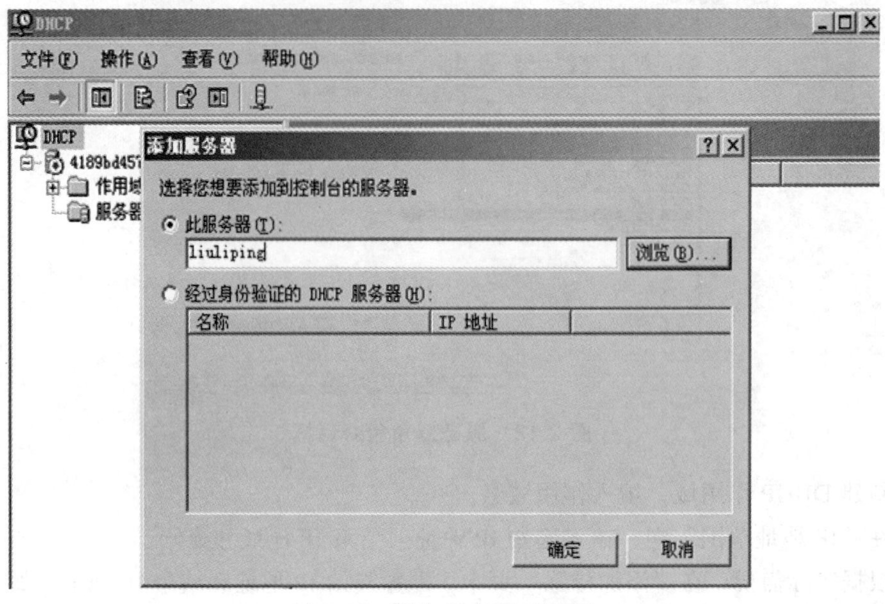

图 2.15　添加服务器对话框

三、创建 DHCP 作用域

（1）在作用域属性对话框，设置作用域租期，如图 2.16 所示。

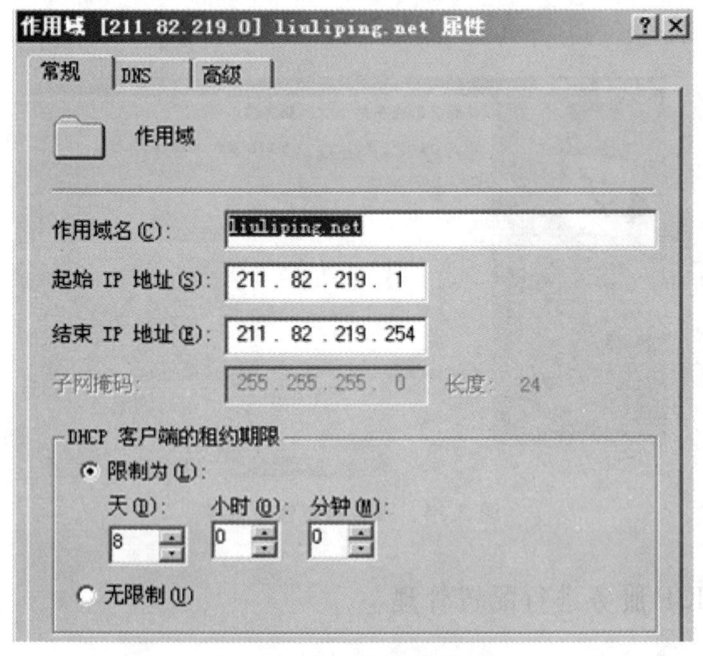

图 2.16　作用域属性对话框

（2）创建 DHCP 新建保留，如图 2.17 所示。

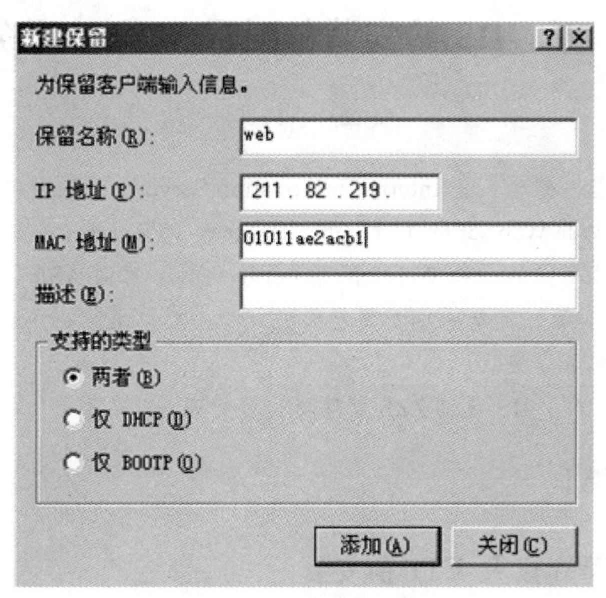

图 2.17　新建保留对话框

（3）创建 DHCP 新建超级作用域，如图 2.18 所示。

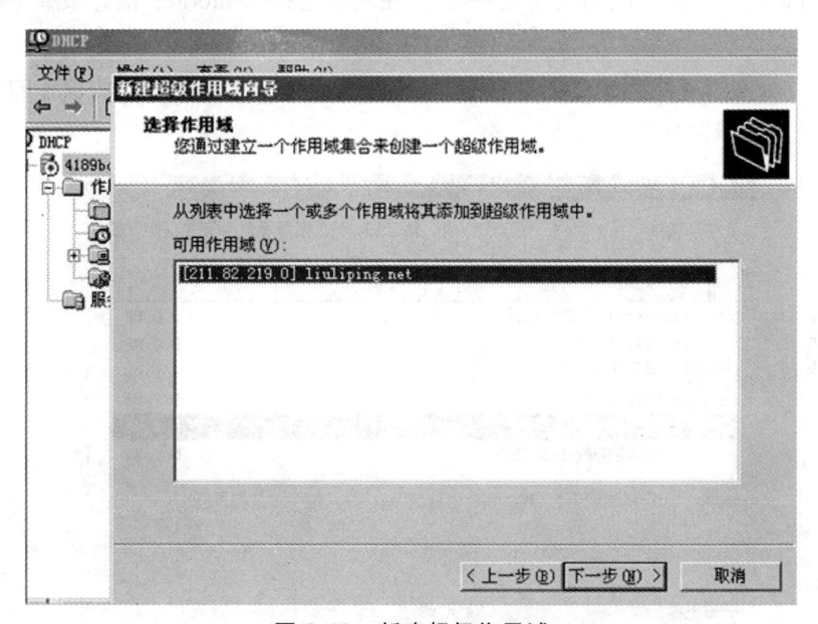

图 2.18　新建超级作用域

【思考题】

若学校的局域网出现 IP 地址冲突和 IP 地址盗用情况应如何处理？

实验五　IIS 的安装与配置 WWW 服务器

【实验目的】

（1）了解 IIS 的基本概念：是 Internet Information Server（互联网信息服务）的缩写，是一个 WWW（World Wide Web server）。Gopher server 和 FTP server 全部包含在里面。

（2）知道 IIS 的作用：是一种 Web（网页）服务组件，可由 ASP（Active Server Pages）、JAVA、VBscript 产生页面，还有一些扩展功能。

（3）掌握 IIS 的配置安装。

（4）了解 IIS 的管理，IIS 通过 ZZS 管理器进行管理。

【实验内容和步骤】

一、IIS 和 WWW 以及 FTP 的安装

（1）在“添加/删除程序”对话框中选择“添加/删除 Windows 组件”，就会弹出的“Windows 组件向导”对话框，选择“应用程序服务器”。在其中选择“Internet 信息服务（IIS）”，单击“详细信息”。

（2）在“万维网服务”框（见图 2.19），选择万维网服务和文件传输协议（FTP），在万维网服务上选择“详细信息”。

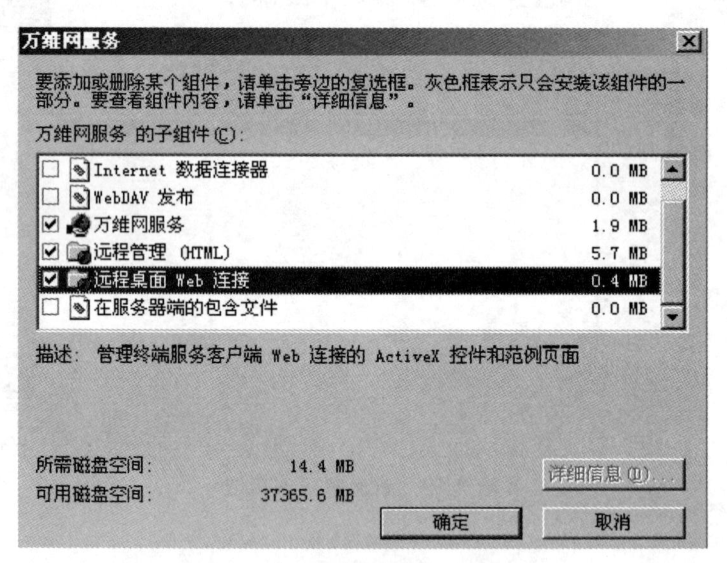

图 2.19　万维网服务对话框

（3）回到“Windows 组件向导”对话框中，如图 2.20 所示，单击下一步继续。

（4）安装完毕后，依次选择“开始”→“设置”→“控制面板”→“管理工具”，出现“Internet 信息报务（IIS）管理器”对话框。

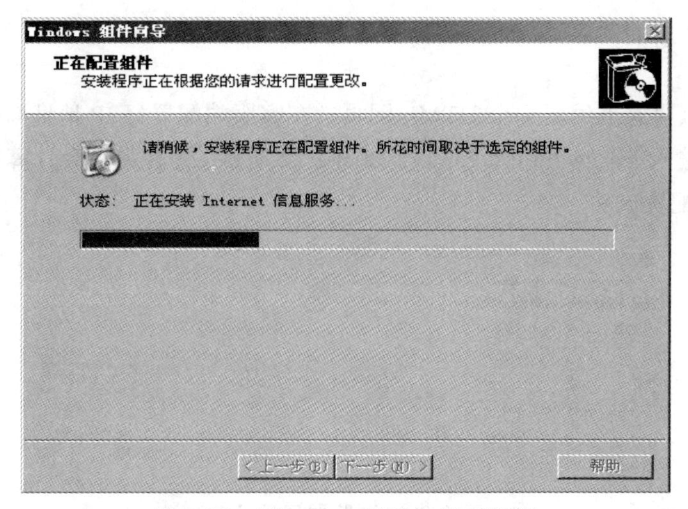

图 2.20　Windows 组件向导对话框

二、IIS的配置

（1）进行基本 Web 站点的配置，操作步骤如下：依次选择“开始”→“设置”→“控制面板”→“管理工具”→“Internet 信息服务”，右键单击“网站”→“默认配置”，如图 2.21 所示。在快捷菜单中选择“属性”，开始配置 IIS 的 Web 站点。

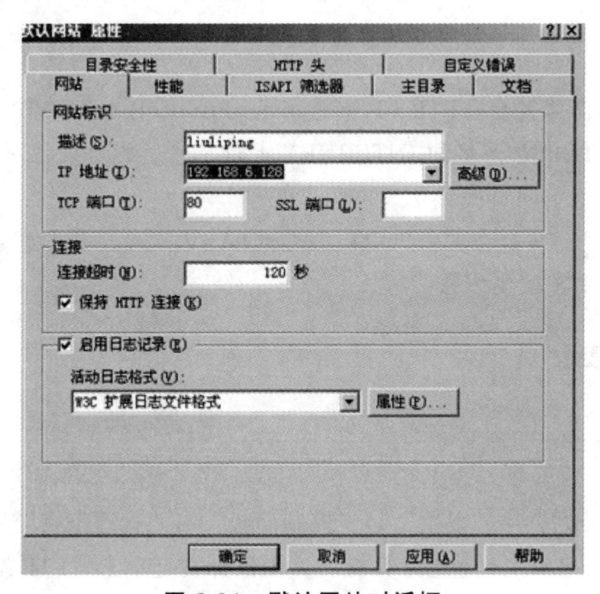

图 2.21　默认网站对话框

（2）配置 IP 地址和 TCP 端口号。

（3）指定站点主目录。

（4）设定默认文档。

三、检查连接性

（1）在主站点目录下编辑一个 HTML 网页。在客服端配置好 IP 地址与 DNS 服务器，在客服端浏览器上输入“www.liuliping.net”，如图 2.22 所示。为在另一台计算机上的访问结果，说明 DNS 和 IIS 配置成功。

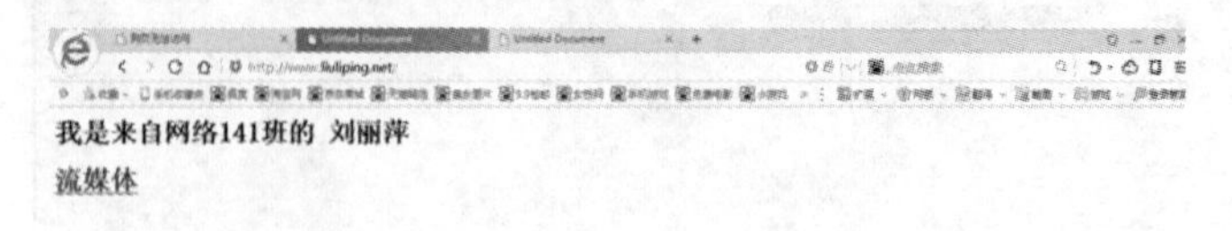

图 2.22 浏览器显示信息

【思考题】

在配置 IIS 时，设置用户创建网站权限如何分配？

实验六　FTP 服务器的安装与配置

【实验目的】

（1）了解 FTP 的基本概念：FTP（File Transfer Protocol)是 TCP/IP 网络上两台计算机传送文件的协议，是在 TCP/IP 网络和 INTERNET 上最早使用的协议之一，属于网络协议组的应用层。

（2）知道 FTP 的两种工作方式：PORT 方式和 PASV 方式，中文意思为主动式和被动式。

（3）掌握 FTP 的安装配制方法。

【实验内容和步骤】

一、配置 FTP

（1）依次选择“开始”→“设置”→“控制面板”→“管理工具”→“Internet 信息服务（IIS）管理器”，展开“TEST（本地计算机）”，用鼠标右键单击“FTP 站点”，从弹出的快捷菜单中依次选择“新建”→“FTP 站点”，打开“IP 地址和端口设置”对话框，在“输入 FTP 站点使用的 IP 地址”下拉列表中，选择或者直接输入 IP 地址，并设定 TCP 端口的值为“21”。

（2）打开“FTP 用户隔离”对话框，FTP 用户隔离支持三种隔离模式，根据实际需要选择一种隔离模式。在弹出的“FTP 站主目录”对话框中的“路径”文本框中输入主目录的路径或者单击“浏览”按钮选定主目录的路径。

（3）打开“FTP 站点访问权限”对话框，选择合适的权限，完成 FTP 站点的创建。

二、FTP 服务器验证

设置站点中的文件“课件”的属性，在地址栏输入“FTP：//192.168.6.128/”（FTP 服务器的 IP 地址，见图 2.23），也可在客服端浏览器上输入以上地址，检查是否能够访问。

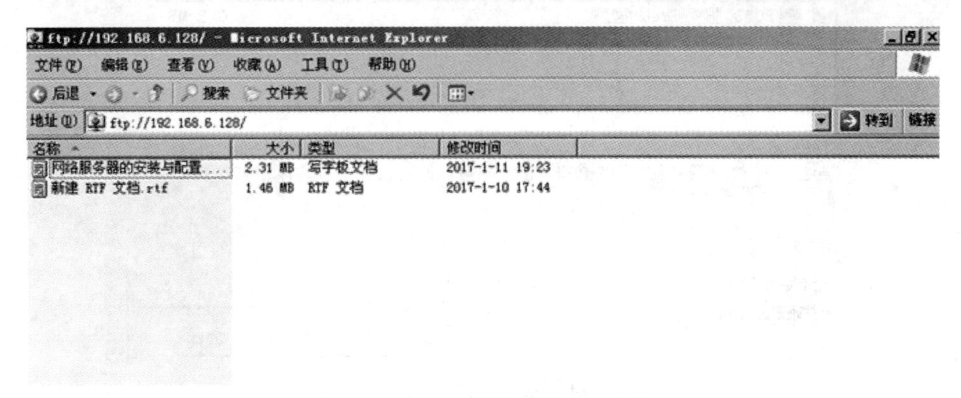

图 2.23　FTP 服务器的 IP 地址

【思考题】

文件放置位置的权限如何设定？

实验七　邮件服务器的安装与管理

【实验目的】

（1）了解邮件服务的基本概念。
（2）知道邮件服务的基本原理。
（3）知道邮件服务的优点。
（4）知道邮件发送的方式是从服务器到服务器，从服务器到客户计算机转发邮件。
（5）知道邮件服务器的安装管理方法。

【实验内容和步骤】

一、安装 POP3 和 SMTP

（1）在“开始”→“控制面板”菜单中单击“添加/删除 Windows 组件”按钮，在“Windows 组件向导”对话框单击“电子邮件服务”，如图 2.24 所示。单击“详细信息”。选中“POP3 服务”和“POP3 服务 Web 管理”。

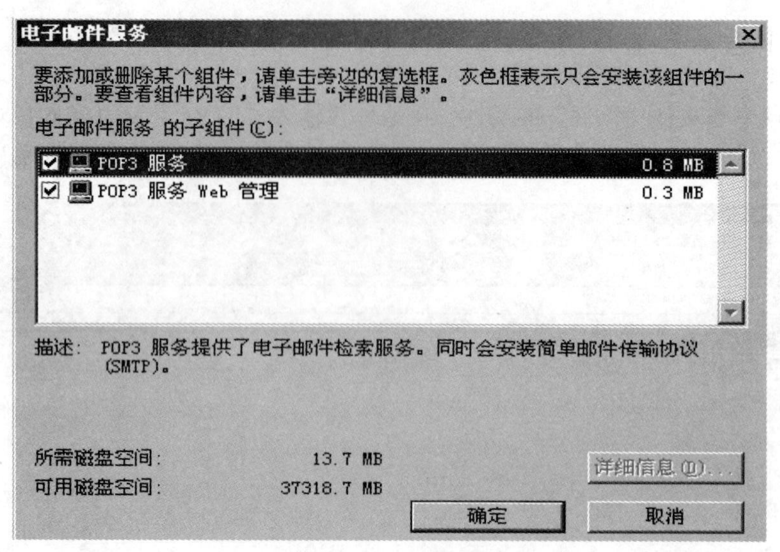

图 2.24　电子邮件服务对话框

（2）在“Windows 组件向导”中选择“应用程序服务器”，单击“详细信息”。接着在“Internet 组件向导”对话框选择“应用程序服务器”项，单击“详细信息”，选中“SMTP Service”项，如图 2.25 所示。在完成以上设置后，在“Windows 组件向导”对话框中单击“下一步”，即系统完成安装和配置 POP3 与 SMTP 服务。

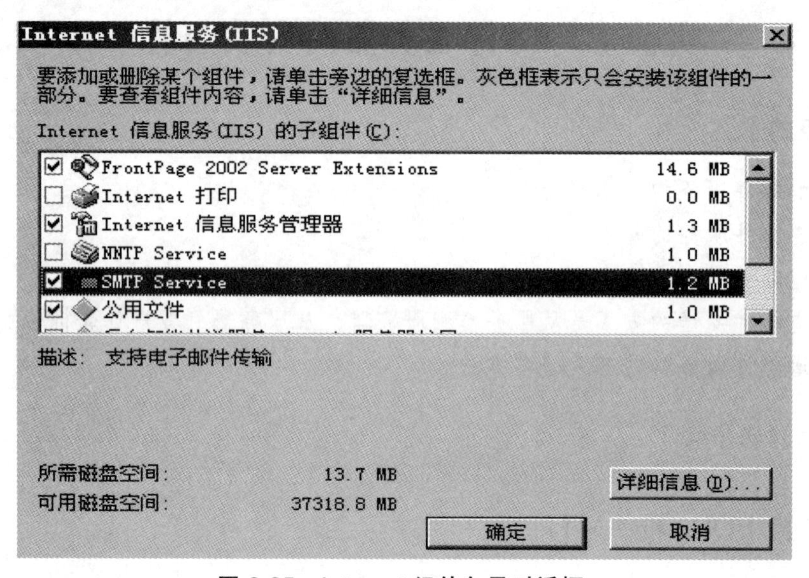

图 2.25　Internet 组件向导对话框

二、创建邮件域

在“开始→管理工具”菜单中单击“POP3 服务”命令，打开“POP3 服务”的控制台窗口。在控制台树中，右键单击“计算机名”节点，在右键快捷菜单中的单击“域”命令，弹出“添加域”对话框，在域名栏中输入邮件服务器的域名。

三、创建用户邮箱

选中刚刚新建的“liuliping.net”域，单击“添加邮箱”，弹出添加邮箱对话框，在邮箱名栏中输入邮件用户名，然后设置用户。

四、配置 SMTP 服务器

完成 POP3 服务器的配置后，就可以开始配置 SMTP 了。

（1）在“开始→管理工具”菜单中单击“Internet 信息服务（IIS）管理器”命令。

（2）在 IIS 管理器窗口中右击“默认 SMTP 虚拟服务器”选项，在弹出的菜单中选中“属性”，进入“默认 SMTP 虚拟服务器”窗口。

（3）切换到常规标签栏，在 IP 地址下拉列表框中选中邮件服务启动 IP 地址。

五、远程 Web 管理

在远端客户机中运行 IE 浏览器，在地址栏输入“https://服务器 IP 地址：8098”，将会弹出连接对话框，输入管理员的用户名和密码，单击“确定”即可登录 Web 管理页面。

六、验证邮件服务器

打开 outlook，写入信息，打开“liuliping.net”，可以看到已经在邮箱服务器中建好了这个邮箱。

【思考题】

创建邮箱用户的命名的规则是怎样的？

实验八　视频服务器的安装与配置

【实验目的】

（1）了解流媒体的基本概念。

（2）知道流媒体服务器的基本原理。

（3）了解流媒体服务器的作用。

【实验内容和步骤】

一、Windows Media 服务的安装

（1）打开“配置您的服务器向导”选择“流式媒体服务器”，如图 2.26 所示，安装“流

式媒体服务器”。

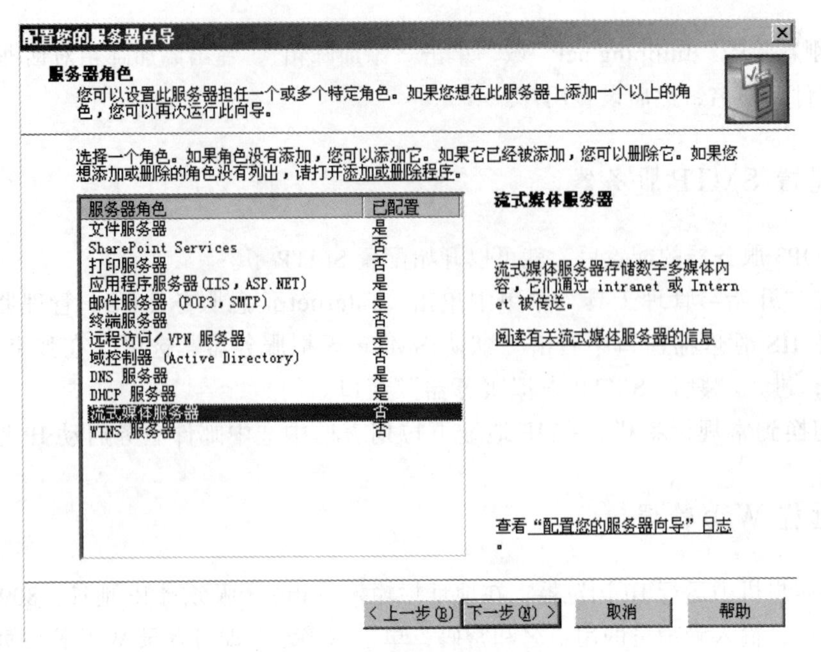

图 2.26　配置服务器向导对话框

（2）点击“开始→管理工具→Windows media services”进入主窗口，如图 2.27 所示，设置默认点播发布点。打开源对话框，更改发布点传输的内容或者位置。

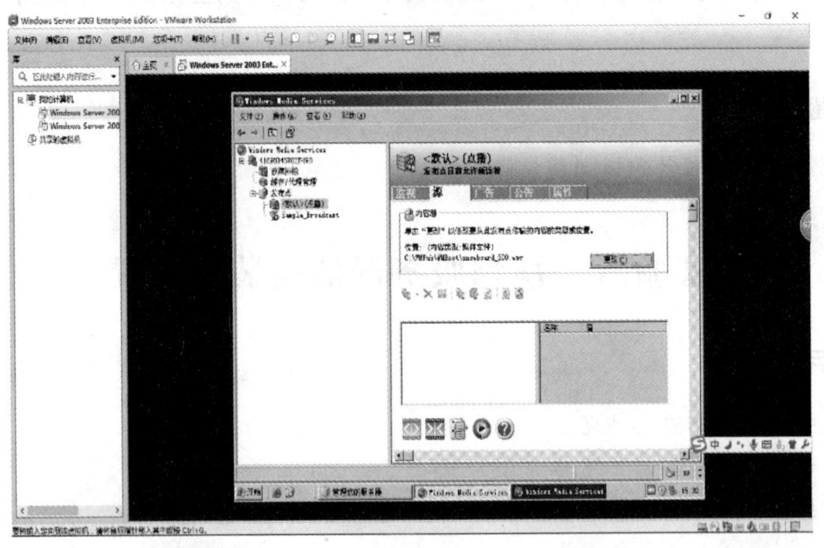

图 2.27　Windows media services 对话框

二、创建点播发布点

（1）右击发布点，选择添加发布点，如图 2.28 所示，设置发布点名称。

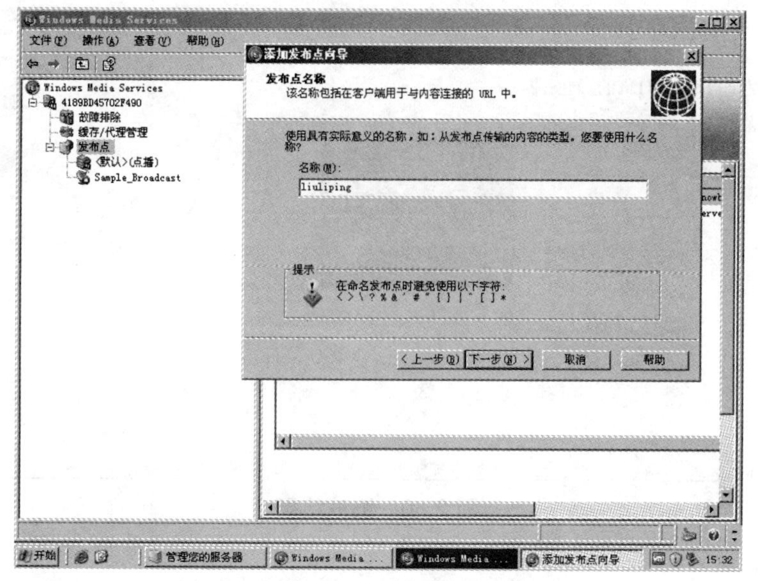

图 2.28　添加发布点对话框

（2）标识要传输的内容的类型，标识目录的位置，控制播放顺序，选择启用该发布点的日志记录，如图 2.29 所示。

图 2.29　配置发布点

三、测试结果

测试结果如图 2.30 所示。

图 2.30 测试结果

【思考题】

如何报建点播发布点？

第三章　综合布线工程实训

实验一　超 5 类双绞线 RJ-45 水晶头的制作

【实验目的】

（1）通过超 5 类线水晶接头的制作，了解超 5 类线的色谱和电缆线序。
（2）掌握双绞线连接器中的 T568A 和 T568B 的线序安排和水晶接头的制作工艺要求。
（3）学会电缆对号设备的使用方法，检验接线图是否正确。

【实训设备及器材】

本实训所需设备及器材如图 3.1 所示：
（1）5 类双绞线 1 m。
（2）N45 水晶接头 2 个。
（3）超 5 类双绞线电缆连通测试器 1 个。
（4）8P 水晶头压线钳 1 把。

（a）压线钳（b）剥线环（c）线缆通断

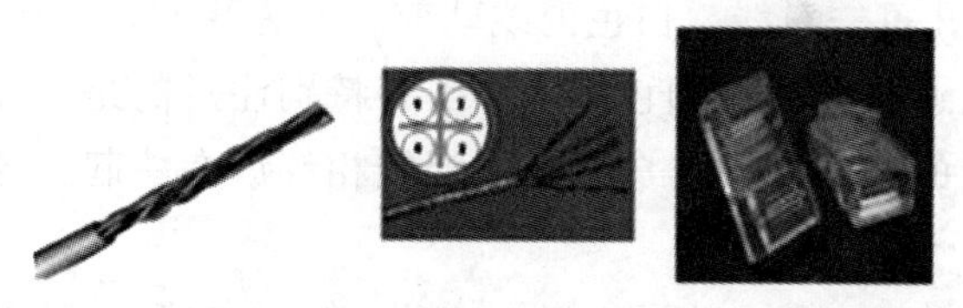

（d）5 类双绞线（e）6 类双绞线（f）水晶头

图 3.1　制作水晶头工具

【实验内容和步骤】

一、RJ－45 水晶头制作

RJ-45 水晶头由金属片和塑料构成，制作网线所需要的 RJ-45 水晶接头前端有 8 个凹槽，简称 8P（position，位置）。凹槽内的金属触点共有 8 个，简称 8C（contact，触点），因此业界对此有“8P8C”的别称。特别需要注意的是 RJ-45 水晶头的引脚序号，面对金属片，从左至右的引脚序号是 1～8，序号对于网络连线非常重要，不能搞错。

双绞线的最大传输距离为 100 m。如果要加大传输距离，在两段双绞线之间可安装中继器，最多可安装 4 个中继器。如安装 4 个中继器连接 5 个网段，则最大传输距离可达 500 m。

EIA/TIA 的布线标准中规定了两种双绞线的线序：568A 和 568B。为了保持最佳的兼容性，普遍采用 EIA/TIA 568B 来制作网线，如图 3.2 所示。

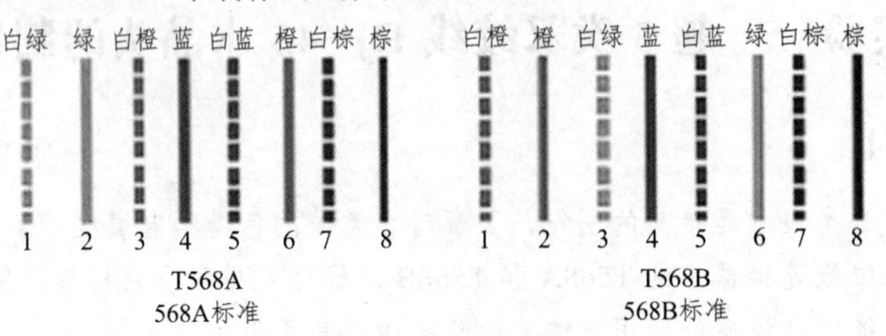

图 3.2　水晶头线序

制作步骤如下：

步骤 1：利用斜口钳剪下所需要的双绞线长度（至少 0.6 m，最多不超过 100 m）。然后再利用双绞线剥线器（实际用什么剪都可以）将双绞线的外皮除去 2～3 cm。有一些双绞线电缆上含有一条柔软的尼龙绳，如果在剥除双绞线的外皮时，觉得裸露的部分太短，而不利于制作 RJ-45 接头时，可以紧握双绞线外皮，再捏住尼龙线往外皮的下方剥开，就可以得到较长的裸露线，如图 3.3 所示。

步骤 2：进行拨线操作。将裸露的双绞线中的橙色对线拨向远离自己的方向，棕色对线拨向靠自己的方向，绿色对线拨向自己的左方，蓝色对线拨向自己的右方，即上橙、左绿、下棕、右蓝。

步骤 3：将绿色对线与蓝色对线放在中间位置，而橙色对线与棕色对线保持不动，即放在靠外的位置。调整线序为以下顺序：左一橙、左二蓝、左三绿、左四棕。

步骤 4：小心地剥开每一对线，白色混线朝前。因为我们是遵循 EIA／TIA 568B 的标准来制作接头，所以应遵循其线对颜色顺序。需要特别注意的是，绿色对线应该跨越蓝色对线。这里最容易犯错的地方就是将白绿线与绿线相邻放在一起，这样会造成串扰，使传输效率降低。

线对顺序（左起）：白橙、橙、白绿、蓝、白蓝、绿、白棕、棕，常见的错误接法是将绿色线放到第四只脚的位置。

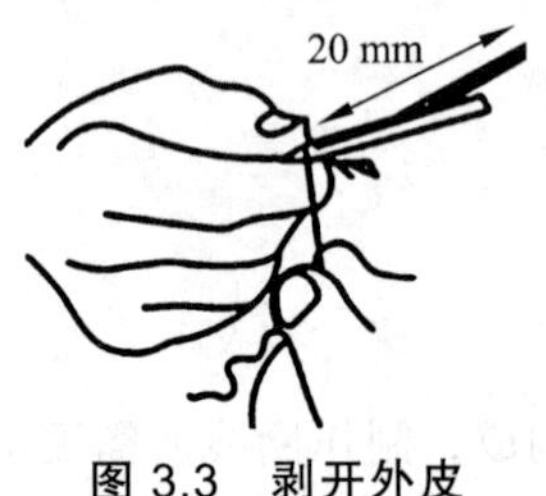

图 3.3　剥开外皮

正确的做法是将绿色线放在第六只脚的位置，因为在 100Base-T 网络中，第三只脚与第六只脚是同一对的，所以需要使用同一对线。按标准 EIA / TIA 568B，左起为白橙、橙、白绿、蓝、白蓝、绿、白棕、棕。

步骤 5：将裸露的双绞线用剪刀或斜口钳剪下只剩约 13 mm 的长度，之所以留下这个长度是为了符合 EIA / TIA 的标准中有关 RJ-45 接头和双绞线的制作标准。最后再将双绞线的每一根线依序放入 RJ-45 接头的引脚内，第一只引脚内放入白橙色的线，依此类推，如图 3.4 所示。

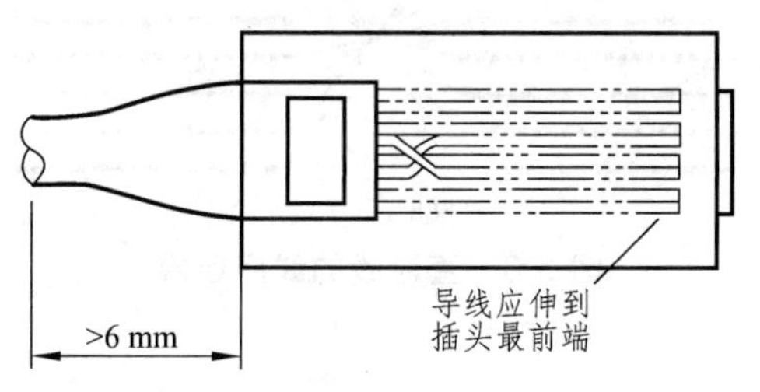

图 3.4　将双绞线放入 RT-45 接头

步骤 6：确定双绞线的每根线已经正确放置之后，就可以用 RJ-45 压线钳压接 RJ-45 接头。市面上还有一种 RJ-45 接头的保护套，可以防止接头在拉扯时造成接触不良。使用这种保护套时，需要在压接 RJ-45 接头之前将这种胶套插在双绞线电缆上，如图 3.5 所示。

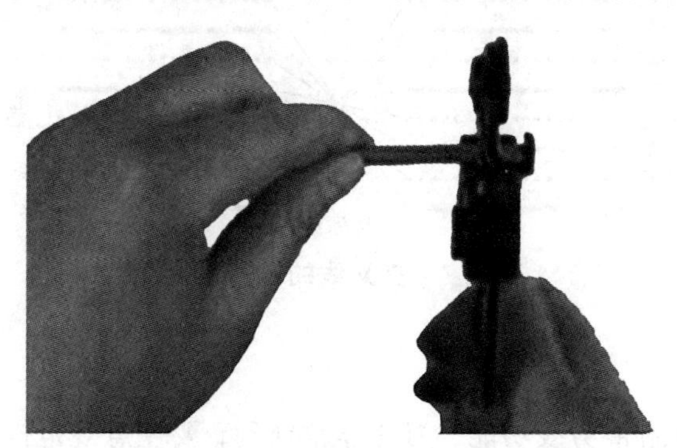

图 3.5　使用保护套

二、直通线的制作

直通线的两端都按照 568B 标准制作水晶头，它主要应用于两个不同设备端口的连接（如计算机和交换机/路由器的连接），如图 3.6 所示。

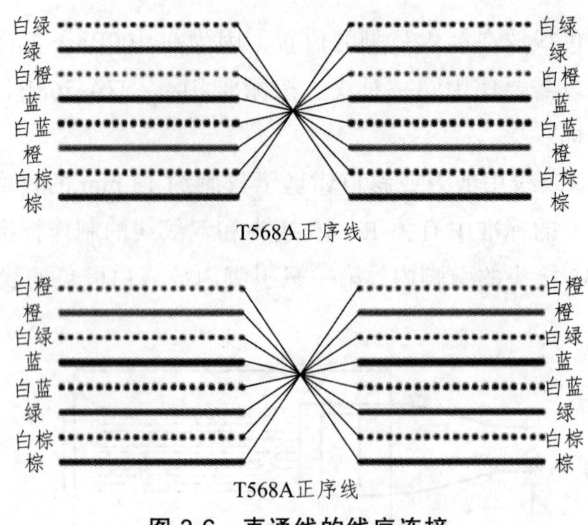

图 3.6　直通线的线序连接

三、交叉线的制作

交叉线的一端按照 568B 标准制作水晶头，另一端按照 568A 标准制作水晶头。交叉线应用在两个相同设备端口的连接（如计算机到计算机、交换机到交换机），如图 3.7 所示。

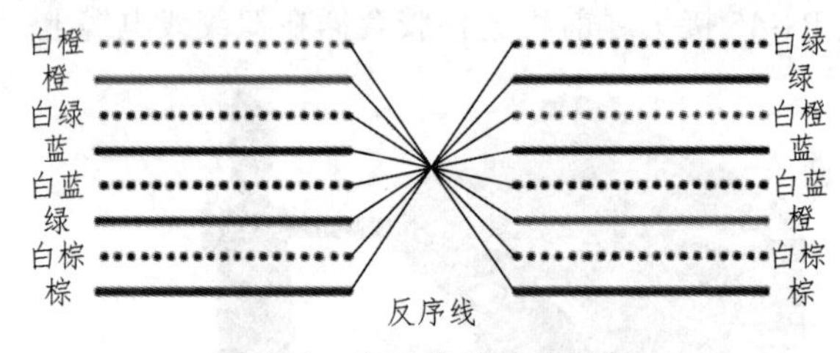

图 3.7　交叉线的线序连接

【实验注意事项】

（1） 水晶头压线钳附带剪线功能，刀片非常锋利，要注意规范操作，避免伤及手指和电缆芯线。

（2） 制作工艺评分标准： 测试器每次显示出正确连通的一对线，双绞线护套线按规定的位置插入水晶头内。

【思考题】

（1）用压线钳剥去护套皮时，只能在垂直电缆方向打圈划痕，用手剥去要除去的护套。切不可打圈划痕后直接用压线钳推出护套皮，为什么?

（2）部分同学所做的 RJ-45 水晶头连接到电缆连通测试器，测试出 4 对线中有几对不通，分析可能是什么原因。

（3）已经理好的导线头应伸到插头的最前端，如图 3.4 所示。为什么电缆的护套线要留在水晶头压扣窗的里面?

（4）已经做好的连接线用电缆连通测试器测试，指示灯不是1-2-3-4循环点亮，而是1-3-2-4循环点亮，说明什么？

实验二　端接模块

【实验目的】

（1）认识各类模块、面板、底盒的作用。

（2）认识安装模块所要用到的工具。

（3）模块安装双绞线的排序有两种接法： EIA/TIA T568B 标准和 EIA/TIA T568A 标准。T568A 线序在每种模块的面板上都标有每种排序的图标，在打线时应注意超 5 类线的排序。

【实验设备及器材】

本实训需要如下设备及器材：

（1）超 5 类双绞线 1 m。

（2）打线刀或打线钳 1 把。

（3）平头剪刀或偏口钳 1 把。

（4）RJ-45 模块 1 个。

（5）底盒和双口面板 1 套。

图 3.8 所示为端接模块工具。

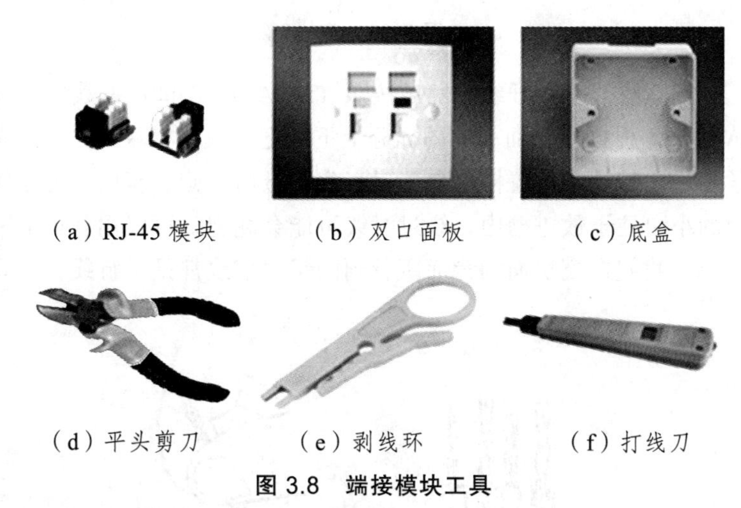

（a）RJ-45 模块　（b）双口面板　（c）底盒

（d）平头剪刀　（e）剥线环　（f）打线刀

图 3.8　端接模块工具

【实验内容和步骤】

（1）剪断：利用剪刀剪取适当长度的网线。

（2）剥皮：将线头放入剥线环剥线刀口,让线头触及挡板，慢慢旋转,让刀口划开双绞线的保护胶皮,剥下胶皮(注意：剥下长度约为 20 mm)，如图 3.9 所示。

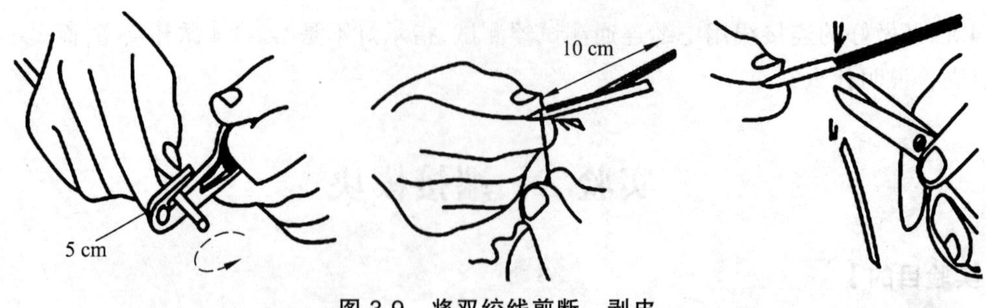

图 3.9　将双绞线剪断、剥皮

（3）穿线：把剥去胶皮的双绞线穿入模块的穿线盖（模块上面）。如按 T568A 穿线，则把橙对与蓝对穿入模块中间孔中，左边为绿对，右边为棕对。如按 T568B 穿线，则把绿对与蓝对穿入模块中间孔中，左边为橙对，右边为棕对，如图 3.10 所示。

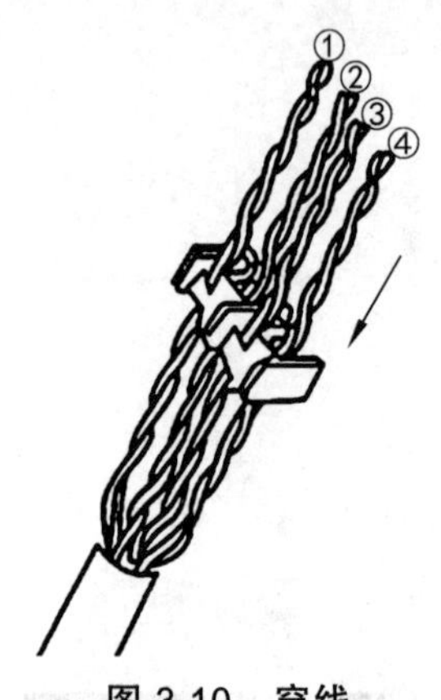

图 3.10　穿线

（4）排序：先把双绞线一一开绞，然后按照 T568A 或 T568B 的线序排开，不需要把线拉直。以 T568A 为例，根据模块面上的图标分上下面把线放到模块面槽中，先把绿对与棕对放入槽内并拉紧。最关键的是放置橙对与蓝对，先把橙白、蓝、蓝白按色标放好，橙色线要先绕过模块背面的小白柱子放进槽内，绕过时线可能会翘起，可以用食指指甲把线压下去，再放进槽内。这样，我们在模块面的背面所看到的每一根线都是平行线，中间没有交叉，如图 3.11 所示。

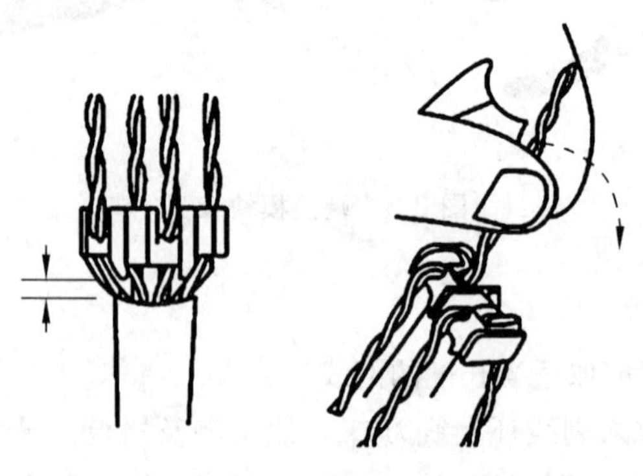

图 3.11　排　序

（5）压制：把线排好序后，则可以与带有刀片的底面结合压制。先把模块上面部分置于底面的卡位，用拇指压在模块上面部分的后方（双绞线外皮的皮头上），食指放在底面下方，用力使上下部分钳合起来（即上下结合在一起），如图 3.12 所示。

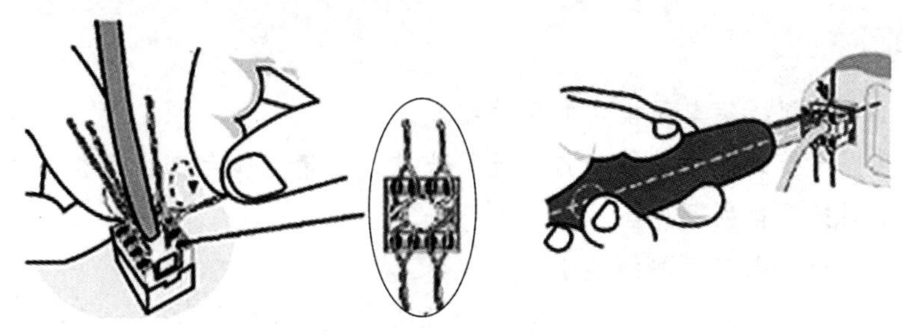

图 3.12　压制

（6）美工：压制完成后模块面会有多余的线头露出来，显得模块比较粗糙。这时可以用平头剪刀将模块面的多余的线头剪掉。一个精美的模块就制成了。

（7）卡上面板：模块做完后需要接上面板才算完整。在卡上面板时要注意，分清面板的上方与模块的上面，因为模块即使反过安装也可以卡进去，但只有两者方向一致时才是正确的连接方式。对准方向后，用力一推，模块就和面板连接起来了。最后用通断仪进行测试，如图 3.13 所示。

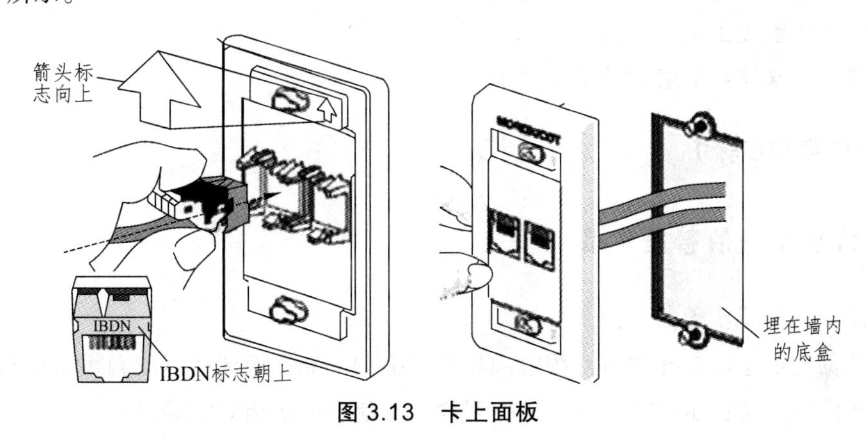

图 3.13　卡上面板

【实验注意事项】

（1）信息模块的连接在工程上习惯用 T568B 连接线序，这主要考虑到整个工程的统一线序，避免混乱。

（2）打线钳的方向一定要和模块成直角，否则很容易将模块的边齿损坏。

【思考题】

（1）模块制作完成后，如何进行测试？

（2）制作时先做水晶头，再做模块行吗？

实验三　110 型配线架的电缆端接

【实验目的】

（1）掌握 110 型配线架单元模块的正确组装。

（2）熟练掌握卡接式接线端子的打线连接方法，分清电缆色谱线序和 5 类线 T568A 或 T568B 线序的不同接线排列顺序。

（3）学会信息输出端口模块的连接。

【实验设备及器材】

（1）配线架 110 型单元接线模块 1 组。

（2）4 对连接块插件 5 个，5 对连接块插件 1 个。

（3）信息模块 1 个。

（4）打线刀 1 把。

（5）超 5 类线 1 m。

（6）超 5 类线电缆环切器或剥线钳 1 把。

（7）接线块配线工具 1 把。

（8）超 5 类双绞线电缆连通测试器 1 个。

【实验内容和步骤】

一、信息模块的接线步骤

信息模块的接线步骤如下：

（1）从信息插座底盒孔中将双绞电缆拉出 20 ~ 30 cm；用环切器或剥线钳从双绞电缆上剥除 10 cm 的外护套；压接时一对一对拧开放入与信息模块相对的端口上。

（2）根据模块的色标分别把双绞线的 4 对线缆压到指定的插槽中（只能在 T568A 或 T568B 线序中选择其一）；双绞线分开长度不要超过要求。在双绞线压接处不要拧或撕开，并防止有断线。

（3）使用打线工具把线缆压入插槽中，注意刀刃的方向，切断伸出的杂线；使用压线工具压按时，要压实，不能有松动的地方。

（4）将制作好的信息模块扣入信息面板，注意模块凸口的方向向下。

（5）将装有信息模块的面板安装在墙上，用螺钉固定在底盒上。

（6）为信息插座标上标签，标明所接终端类型和序号。

二、110型配线架单元接线模块接线步骤

110型配线架单元接线模块的接线步骤如下：

（1）将已经接好信息模块的电缆的另一端连接到110型配线架单元接线模块上。

（2）将第一个110型配线架上要端接的8条芯线牵拉到位，每个配线槽中可放6条双绞线电缆。左边的线缆端接在配线架的左半部分，右边的线缆端接在配线架的右半部分。

（3）在配线板的内边缘处将松弛的线缆捆起来，保证单条线缆不会滑出配线板槽，避免线缆束的松弛和不整齐。

（4）在配线板边缘处的每条线缆上标记一个准备剥线的位置，这有利于下一步在配线板的边缘处准确地剥去线缆外衣。

（5）拆开线缆束并握紧，在每条线缆的标记处划痕，然后将刻好划痕的线缆束放回，为盖上110型配线板做准备。

（6）线缆束刻好痕并放回原处后，用螺钉安装110型配线架，并开始进行端接(从第一条线缆开始)。

（7）在刻痕处之外最少15 cm处切割线缆，并将刻痕的外套剥掉。

（8）沿着110型配线架的边缘将4对导线拉进前面的线槽中。

（9）拉紧并弯曲每一线对，使其进入索引条的位置，用索引条上的高齿将每一根导线分开，在索引条最终弯曲处提供适当的压力使线对的形变最小。

（10）上面两个索引条的线对安放就位后进行切割，再进行下面两个索引条的线对安置。所有4个索引条都就位后，如图3.14所示安装110型连接模块。

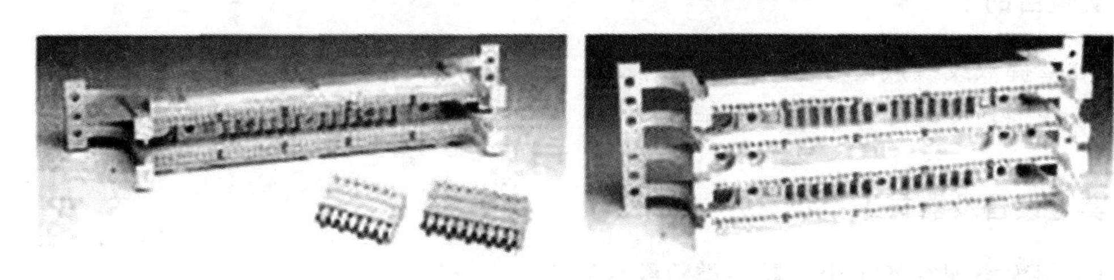

图3.14　连接块在25对110型配线架基座上的安装顺序

三、配线架上的跳线操作

配线架上的跳线操作步骤如下：

（1）和另一组同学配合在连接块上使用打线刀进行跳线连接。

（2）两组同学分别在已经连接的信息插座上将水晶头跳线连接到连通测试器，检验配线架的连接结果是否正确。

【实验注意事项】

（1）信息模块的连接在工程上习惯用 T568B 连接线序，这主要考虑到整个工程的统一线序，避免混乱。

（2）认清选择的 4 对连接块和 5 对连接块的不同，模块从左到右的线对颜色应和电缆色谱一致。

【思考题】

（1）确定语音线路（或 I/O）数目为 900 门，需要几个 110A 型配线架 100 对模块？各需要多少 4 对连接块和 5 对连接块?

（2）为什么超 5 类线信息插座的面板凸口要朝下安装?

实验四　双绞线敷设和超 5 类配线架压接

【实验目的】

（1）掌握双绞线敷设方法。

（2）掌握超 5 类配线架压接方法。

【实验设备及器材】

（1）超 5 类配线架 1 个、超 5 类双绞线若干。

（2）RJ-45 压线钳 1 把、打线工具 1 把、RJ-45 测试仪 1 个。

数据配线架如图 3.15 所示。

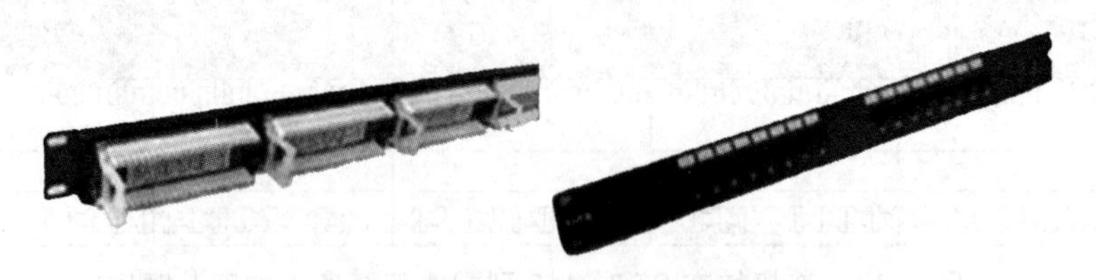

（a）数据丁线架背面图　　（b）数据配线架前板图

图 3.15　数据配线架

【实验内容和步骤】

一、双绞线敷设（从走廊弱电井处进行线缆敷设）

操作步骤：

（1）确定待敷设双绞线的长度。

（2）根据工作区信息点的数量，将同数量的双绞线放置在走廊弱电井处。

（3）将绑扎好的双绞线穿入桥架中，拉到信息点 PVC 管所在水平桥架位置，并将穿管器从水平桥架穿到信息点处。

（4）将线缆与穿管器绑扎，并将线缆穿到信息位置。

（5）在工作区信息盒处预留 30 ~ 35 cm 的线缆。

（6）预算从走廊弱电井到设备间的距离，确定双绞线的预留长度后断线，断线前做好标记。

（7）将线缆敷设到设备间中。

二、端接 24口数据配线架

24 口数据配线架为 1U 高度、19″机架式安装。高强度的金属面板和自带的理线托盘可以有效地承受打线时的外力和线缆的自重，并为线缆提供了更合理的安装半径。前面板有可读写标签用于标示每一个端口，以便管理。数据配线架主要用于设备间到工作区的布线或设备连接，如图 3.16 所示为理线架。

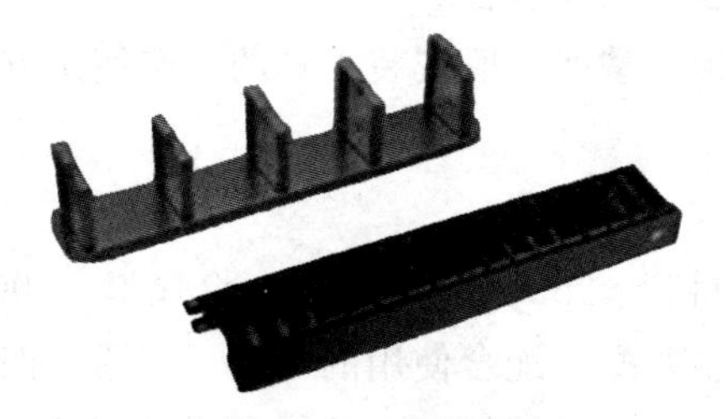

图 3.16　理线架

端接线对操作步骤如下：

（1）在端接线对之前，首先要整理线缆。将线缆松松地用带子缠绕在配线板的导入边缘上，最好是将线缆缠绕固定在垂直通道的挂架上，这样可以避免在线缆移动期间线对的变形。

（2）从右到左穿过线缆，并按背面数字的顺序端接线缆。

（3）对每条线缆，切去一定长度的外皮，以便进行线对的端接。

（4）对于每一组连接块，设置线缆应通过末端的保持器（或用扎带扎紧），这样可以保证线对在线缆移动时不变形。

（5）当弯曲线对时，要保持合适的张力，以防毁坏单个线对。

（6）线对必须正确地安置到连接块的分开点上。这对于保证线缆的传输性能是很重要的。

（7）把线对按顺序依次放到配线板背面的索引条中。

（8）用手指将线对轻压到索引条的夹中，使用打线工具将线对压入配线模块并将伸出的导线头切断，然后用锥形钩清除切下的碎线头。

（9）将标签插到配线模块中，以标示此区域。

【实验注意事项】

（1）数据配线架的连接在工程上习惯用 T568B 连接线序，这主要考虑到整个工程的统一线序，避免混乱。

（2）数据配线架的品牌不同，端接方式稍有不同，注意阅读使用说明书。

【思考题】

（1）数据配线架后面的一个金属架是做什么用的？

（2）如果接线顺序与要求的顺序不一致，会导致什么后果？

实验五 布线通道的组合安装

【实验目的】

（1）通过组装 PVC 塑料管和金属槽掌握布线通道的安装要领。

（2）了解附件名称和安装的正确组合。

（3）了解桥架的安装要领，掌握一般安装工具的正确使用方法。

【实验设备及器材】

（1）直径 16 cm PVC 塑料管、250 mm × 300 mm 金属槽、300 mm 普通梯式桥架各 20 m。

（2）与上述管、槽、架主要配件配合使用的弯通、三通、四通、多节二通、凸弯通、凹弯通、调高板、垂直转角连接件、联结板、小平转角联结板若干，以及相应尺寸的螺丝、固定支撑吊架等。

（3）与 PVC 管安装配套的附件，包括接头、螺圈、弯头、弯管弹簧、一通接线盒、二通接线盒、三通接线盒和四通接线盒。

（4）用于固定管路的管卡、塑料膨胀螺栓、钢制膨胀螺栓等。

（5）开口管卡、专用截管器、水平尺和铅垂线等管槽敷设工具一套。

【实验内容和步骤】

在明敷 PVC 塑料管线时，用塑料卡卡住线缆，用锤子将水泥钉钉入建筑物即可。但要注意；水平敷设时钉子要在水平管线的下边，让钉子可以承受电缆的部分重力；垂直敷设时钉子要按标准和规定施工。工程槽道和桥架的安装要求如下。

（1） 槽道(桥架)的规格尺寸、组装方式和安装位置均应符合设计规定和施工图的要求。

封闭型槽道顶面距天花板下缘不应小于 0.8 m，距地面高度保持 2.2 m，若槽道下不是通行地段，其净高度可不小于 1.8 m。安装位置的上、下、左、右保持端正平直，偏差度尽量降低，左右偏差不应超过 50 mm； 与地面必须垂直，其垂直度的偏差不得超过 3 mm。

（2）垂直安装的槽道穿越楼板的洞孔及水平安装的槽道穿越墙壁的洞孔，要求其位置相互配合适应，尺寸大小合适。在设备间内如有多条平行或垂直安装的槽道时，应注意房间内的整体布置，做到美观有序，便于缆线连接和敷设，并要求槽道间留有一定间距，以便于施工和维护。槽道的水平度偏差每米不超过 2 mm。

（3）槽道与设备和机架的安装位置应互相平行或垂直相交，两段直线段的槽道相接处应采用连接件连接，要求装置牢固、端正，其水平度偏差每米不超过 2 mm。槽道采用吊架方式安装时，吊架与槽道要垂直形成直角，各吊装件应在同一直线上安装，间隔均匀、牢固可靠，无歪斜和晃动现象。沿墙装设的槽道，要求墙上支持铁件的位置保持水平、间隔均匀、牢固可靠，不应有起伏不平或扭曲歪斜现象。水平度偏差每米也应不大于 2 mm。

（4）为了保证金属槽道的电气连接性能良好，除要求连接必须牢固外，节与节之间也应接触良好，必要时应增设电气连接线(采用编织铜线)，并应有可靠的接地装置。如利用槽道构成接地回路时，须测量其接头电阻，按标准规定不得大于 $0.33\times10^{-3}\ \Omega$。

（5）槽道穿越楼板或墙壁的洞孔处应加装木框保护。缆线敷设完毕后，除将盖板盖严外，还应用防火涂料密封洞孔口的所有空隙，以利于防火。槽道的油漆颜色应尽量与环境色彩协调一致，并采用防火涂料。

（6）当直线段桥架超过 30 m 或跨越建筑物时，应有伸缩缝，其连接应采用伸缩连接板。

（7）线槽转弯半径不应小于其槽内的线缆最小允许弯曲半径的最大者。

（8）盖板应紧固。

（9）支吊架应保持垂直，整齐牢固，无歪斜现象。

（10）安装时要求横平竖直，美观大方，拐弯处所用配件应规格型号合理，安装牢固，符合规范标准。

（11）正确使用安装工具。

【实验注意事项】

（1）施工人员应穿合适的衣服和工作鞋。

（2）使用安全的工具。

（3）保证工作区的安全。

（4）在高处作业时要求相互配合，登高梯上作业应注意安全，动作一定要规范。

【思考题】

（1）为什么水平铺设的金属管路的管子有 1 个弯时，或直线长度超过 30 m 时，中间应增设拉线盒或接线盒，是否有其他处理方式？

（2）为什么在室外敷设金属管道应有不小于 0.1%的坡度？

（3）槽道安装中选择的调宽片起什么作用？

（4）布线通道的组合安装工艺讲究横平竖直，要有好的安装效果，最常用的检验工具是什么？

（5）为什么用钢钉固定线卡或塑料管卡时，用锤子将水泥钉钉入建筑物即可，但水平敷设时钉子要钉在水平管线的下边，垂直敷设时钉子要均匀地钉在管线的两边？

实验六 各种线缆、光缆的敷设布放

【实验目的】

（1）熟悉光缆、超5类双绞线电缆、电话线的布放方法。

（2）学会用拉线牵引电缆。

（3）学会整理、捆扎、固定电缆。

（4）学会电缆终端头的正确处理和端接。

（5）学会在电线端头做标签。

【实验设备及器材】

（1）光缆一盘，超5类双绞线电缆一箱（300 m），二芯护套电话线和四芯护套电话线各50 m。

（2）布放光缆电缆盘托架1副。

（3）胶布2卷。

（4）绑扎电缆用棉线5支。

【实验内容和步骤】

在实验五已经装好布线通道的基础上布线。

架设好桥架、管、槽等线缆支撑系统后，就可以考虑实施电缆的布放。布线看起来是一项体力活，但在宏观上却体现了整体的工艺水平。

（1）在PVC塑料管中布放二芯护套电话线和四芯护套电话线各4根，要求在每个出线端口导出一根电话线，并安装插口模块和面板。

由于二芯护套电话线的外部护套比四芯电话线的外部护套薄，在穿插塑料管的过程中，若塑料管的弯曲角小于90° 或塑料管的弯头处有棱角，容易擦伤划破外部护套，甚至造成电话线断路现象。

四芯电话线的外部护套相对比较厚实，加上外径尺寸大于二芯电话线，不容易被擦伤划破。从通信功能上比较，每一对线路上都有一个用户信号通往交换机完成通信交换功能，而四芯电话线可同时安装两部号码不同的电话，扩展功能方便，而且又可以避免二芯电话线施工中的断路故障。因此四芯护套线是通信类电话发展的方向，也是布电话线时的常用选项。

（2）在金属槽中布放4根5类线和2根光缆，线槽中每隔一定的距离要有绑扎工序。学会用棉线在电缆进入配线架前对其进行单扎和双扎的捆扎整理。

① 一般的线缆布放要求如下。

a. 线缆布放前应核对规格、程式、路由及位置是否与设计规定相符合。

b. 布放的线缆应平直，不得产生扭绞、打圈等现象，不应受到外力挤压和损伤。

c. 布放前，线缆两端应贴有标签，标明起始和终端位置以及信息点的标号，标签书写应清晰、端正和正确。

d. 信号电缆、双绞线缆、光缆及建筑物内其他弱电线缆应与强电线缆分开布放。

e. 布放线缆应有冗余。在二级交接间、设备间，双绞线电缆预留长度一般为 3 ~ 6 m，工作区为 0.3 ~ 0.6 m，有特殊要求的应按设计要求预留。

f. 布放线缆时，在牵引过程中，吊挂线缆的支点相隔间距不应大于 1.5 m。

g. 线缆布放过程中，为避免受力和扭曲，应制作合格的牵引端头。如果采用机械牵引，应根据线缆布放环境、牵引的长度、牵引张力等因素选用集中牵引或分散牵引等方式。

② 布放超 5 类线。

a. 从线缆箱中拉线。

b. 除去塑料塞。

c. 通过出线孔拉出数米的线缆。

d. 拉出所要求长度的线缆，割断它，将线缆滑回到槽中，仅留数厘米伸出在外面。

e. 重新插上塞子以固定线缆。

③ 线缆处理（剥线）。

a. 使用斜口钳在塑料外衣上切开“1”字形的长缝。

b. 找出尼龙扯绳。

c. 将一只手紧握电缆，用尖嘴钳夹紧尼龙扯绳的一端，将其从线缆的一端拉开，拉开的长度根据需要而定。

d. 割去无用的电缆外衣(可以利用环切器剥开电缆)。

有的电缆布放是单独占用管线，有的则是和不同途径不同路由的电缆共同使用同一条管线。当几根电缆要共同穿越同一根管线时，最好同时一起穿越，否则要在管内留有拉线，方便其他电缆穿线使用，同时还要留有一定的空间。

【实验注意事项】

（1）整盘电线布放时，电缆要放在托架上； 线头要从电缆盘托架的上方抽出，防止电线与地面摩擦。

（2）如果是小捆的超 5 类双绞线电缆，线头要从整捆电缆的轴线方向从里向外抽出。

（3）光纤传输通道施工要满足下列要求：

① 在进行光纤接续或制作光纤连接器时，施工人员必须戴上眼镜和手套，穿上工作服，保持环境洁净。

② 不允许观看已通电的光源、光纤及其连接器，更不允许用光学仪器观看已通电的光纤传输通道器件。

③ 只有在断开所有光源的情况下，才能对光纤传输系统进行维护操作。

【思考题】

（1）为什么当电缆在两个终端间有多余的电缆时，应该按照需要的长度将其剪断，而不应将其卷起并捆绑起来？

（2）电缆的接头处反缠绕开的线段的距离不应超过 2 cm，过长会引起什么后果？

（3）为什么缆线不得布放在电梯或管道竖井中？

（4）用拉线牵引电缆时，n 根双绞线电缆，最大拉力为$(n \times 50+50)$N； 不管多少根线对电缆，为什么最大拉力不能超过 400 N（一般为 90 N）？

（5）超 5 类布线规定的安装方法也适用于 6 类布线，但 6 类布线还要注意些什么的问题？

（6）总结综合布线电缆布放的步骤和要注意哪些问题？

实验七　设备机架安装及光、电缆的终端固定

【实验目的】

（1）掌握通信机房设备机架的正确立架安装，对光、电缆的引入和配线规定有清晰的理解。

（2）掌握接地电阻的测试方法。

【实验设备及器材】

标准机柜散件 1 套、光缆配线架 1 架、光缆接线盒 2 个、综合布线交叉连接混合配线框架 1 架、机架安装工具 1 套、2ZC-8 型接地电阻测量仪 1 部。

【实验内容和步骤】

本实训内容和步骤如下：

1．在设备间确定机架位置

综合布线系统工程中设备的安装，主要是指各种配线接续设备机架的安装应符合施工标准规定，以确保安装质量可靠，并随工序进行检验。

（1）设备机架的外观整洁，油漆无脱落，标志完整齐全。

（2）设备机架安装正确，垂直和水平度均符合标准规定。

（3）各种附件安装齐全，所有螺丝紧固牢靠，无松动现象。

（4）有切实有效的防震加固措施，保证设备安全可靠。

（5）接地措施齐备良好。

2．组装综合标准机柜

如图 3.17 所示安装相应配件和机盘、部件，并学会用金属膨胀螺丝进行配线架和机架的机位连接固定。

3. 光、电缆的分线、整理、固定及绑扎

光、电缆的端头处理，分线及尾巴电缆的绑扎整理如图 3.18 所示。室内、室外光缆保护层剥离及在配线架的固定如图 3.19 所示。

图 3.17　标准机柜

图 3.18　电缆的绑扎整理

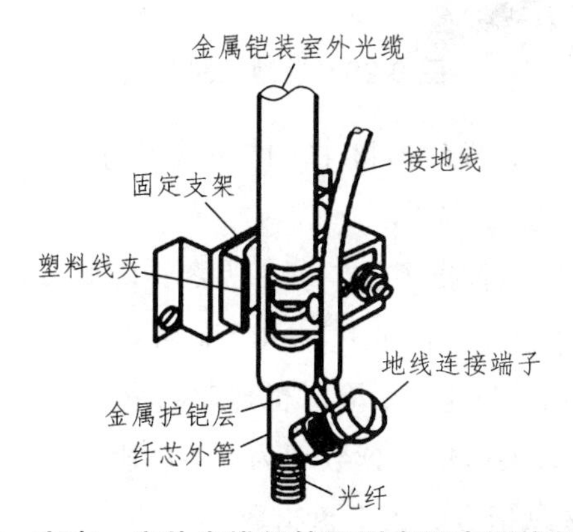

图 3.19　室内、室外光缆保护层剥离及在配线架的固定

4. 接地系统的安装

机架设备、金属钢管和槽道的接地装置要求有好的电气连接，所有与地线连接处应使用接地垫圈，垫圈尖角应对向铁件，刺破其涂层。必须一次装好，不得将已装过的垫圈取下重复使用，以保证接地回路通畅无阻。

为了保证接地系统正常工作，接地导线应选用截面面积不小于 2.5 mm^2 的铜芯绝缘导线。综合布线系统的有源设备的正极和外壳、主干电缆的屏蔽层及其连通线均应接地，并应采用联合接地方式。

5. 接地电阻的测量

接地电阻绝大部分是由于埋入接地电极附近半球范围之内的土壤所造成。因此，在测量地电阻时，用一辅助地气棒插入离被测电极一定距离的大地中，即可测出被测电极与辅助电极之间的电阻。为避免把辅助电极的电阻包含在内，一般采用两个辅助电极：一个供电流导入大地，称电流极；另一个供测量电压，称电位极。接地电阻随季节气候的变化而变动，因此必须定期测试接地电阻值。

（1）沿被测接地导体（棒或板）按图 3.20 所示的距离，以直线方式埋设辅助探棒。如所测地气棒插入深度为 2 m，则丈量直线距离 20 m 处。埋一根地气棒为电位极(P1 或 P)，再续测量 20 m 处，埋一根地气棒为电流极(C1 或 C)，如图 3.20 所示。

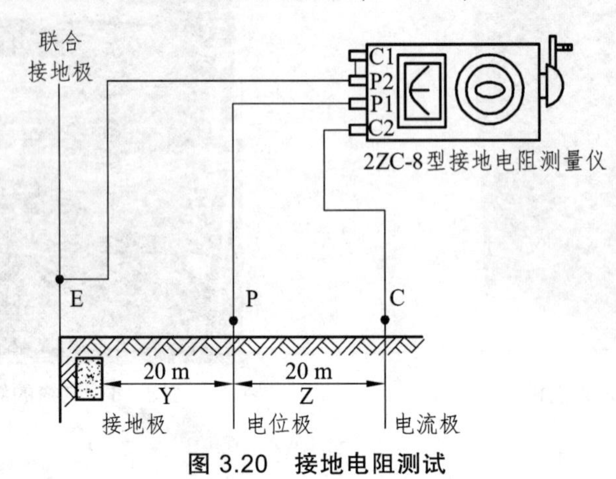

图 3.20　接地电阻测试

（1）连接测试导线，用 5 m 导线连接 E（P2）端子与接地极，电位极 20 m 导线接至 P 端子上，电流极用 40 m 导线接 C 端子。

（3）将表放平，检查指针是否指零位，若不为零，应调节到“0”位。

（4）调动倍率盘到某数位置，如 ×0.1、×1、×10。

（5）以每分钟 120 转速摇动发电机，同时也转动测量盘，直到稳定在“0”位上不动为止。此时，测量盘指示的刻度读数乘以倍率读数即为被测电阻值，即

被测电阻值（Ω）=测量盘指数 × 倍率盘指数

（6）当检流表的灵敏度过高时，可将 P（电位极）地气棒插入土壤浅一些；当检流表的灵敏度过低时，可在 P 棒和 C 棒周围浇上一点水，使土壤湿润。但应注意，绝不能浇水太多而使土壤湿度过大，以免造成测量误差。

（7）当有雷电的时候，或被测物带电时，应严格禁止进行测量工作。

【实验注意事项】

（1）机架安装中所有的螺栓要先到位，再拧紧。螺栓紧固的扭力要适当，不可太用力，以免造成螺钉烂口、滑丝等。

（2）机架在固定牢固之前严禁攀爬作业。

（3）每个机架都应接地有效。

【思考题】

（1）机架和设备前应预留多宽的过道?其背面距离墙面应大于多宽的距离?

（2）机架、设备安装完工后，其水平度和垂直度都应符合厂家规定，若无规定时，其前后左右的垂直度偏差均应不大于多少?

（3）综合布线为什么要采用联合接地方式?当采用联合接地方式时，为了减少危险，要求总接线排的工频接地电阻应不大于多少?

（4）智能化建筑内综合布线系统的有源设备的正极和外壳、主干电缆的屏蔽层及其连通线均应接地，为什么接地的是有源设备的正极而不是负极?

实验八　光纤的接续

【实验目的】

（1）了解光纤光缆结构，掌握光纤熔接机的使用和光缆中光纤的热熔接接续。

（2）通过对熔接的接头评价，掌握如何正确调节熔接机提高光纤的熔接质量。

【实验设备及器材】

（1）光纤熔接机 1 台，光纤素线、单模和多模的松套光纤和紧套光纤各 1 m。

（2）光纤去皮器 1 把，光纤切割刀 1 把，棉签、酒精若干，笔形显微镜 1 个。

【实验内容和步骤】

一、光纤结构

从工程的角度看，光纤有两种基本结构：一种称为紧套光纤； 另外一种称为松套光纤。它们都是在光纤素线的基础上做成的。

（1）光纤素线，即一次涂覆光纤。它是用紫外线固化的方法在裸纤的外面覆上环氧树脂一次涂层，所以也叫光固化涂层光纤。它可直接组成束管式光缆和骨架式光缆，也可放入松套管组成松套光纤。

（2）松套光纤。在光纤素线外套上塑料套管即成松套光纤。松套光纤有充油和不充油两种。

（3）紧套光纤。在一次涂覆光纤外面进行二次涂覆，加上尼龙套塑层，就构成了紧套光纤。作为设备尾纤和仪表测试线的单芯光缆就是由紧套光纤构成的。

二、光纤端面的制作

1. 素线光纤端面的制作

素线光纤端面的制作步骤如下：

（1）去除预涂层。左手握光纤，右手握预涂层剥除器，将光纤插入微型孔约 2 cm。压下剥除器刀片，沿着光纤轴线向外缓缓拉动剥除器，即可将预涂层剥除。

（2）擦去涂层碎屑。用棉花团蘸酒精擦洗裸纤。

（3）切割端面。左手拇指和中指捏住光纤，食指靠住裸纤中部（离根部约 1 cm），保持光纤垂直。右手像握笔一样握住端面切割刀。使斜口向上，刀刃与光纤垂直。用刀刃在左手食指肚上的裸纤中部轻轻一点，然后用笔杆在裸纤上部轻轻一碰，裸纤将在点痕处断裂。

（4）端面检查。将切割好的裸纤水平放置在平面镜上，左手压紧光纤，右手握笔形显微镜，一只眼睛靠近显微镜观察。调整显微镜各角度至最清晰处，然后将显微镜沿着光纤轴线水平推至端面处，观察端面是否与光纤轴线垂直。不垂直则必须重新切割端面。

（5）端面清洁备用。用棉花团蘸酒精擦净裸纤，搁置一边以备后用。

2. 松套光纤端面的制作

松套光纤端面的制作步骤如下：

（1）去除松套管。将松套光纤放进松套管剥除器的光纤槽中，在刀片外侧露出 2 cm，合上剥除器。使剥除器在光纤轴线的垂直面上旋转一周，取下剥除器。在刻痕处轻轻一剥，松套管即可断裂退下。

（2）去除涂覆层。方法与素线光纤去除预涂层的做法相同。

（3）擦洗裸纤。

（4）切割端面。

（5）端面检查。

（6）清洁备用。

3. 紧套光纤端面的制作

紧套光纤端面的制作步骤如下：

（1）去除套塑层。左手握光纤，右手握套型层剥除器。调好剥除器进刀度，将光纤放入剥线槽约 2 cm，压下剥除器，沿光纤轴线向外拉，即可剥去套塑层。

（2）去除预涂层。跟素线光纤去除预涂层做法一样。

4. 光纤端面光斑的观察

光纤结构的观察如图 3.21 所示。将已做好端面的单模、多模两根短光纤的一端垂直置于显微镜之下，另一端用氦氖激光器照射。当显微镜调节适当，就可通过目镜对光纤端面的光斑进行观察。将观察到的两个光斑形状记录下来并加以比较，解释它们的区别。

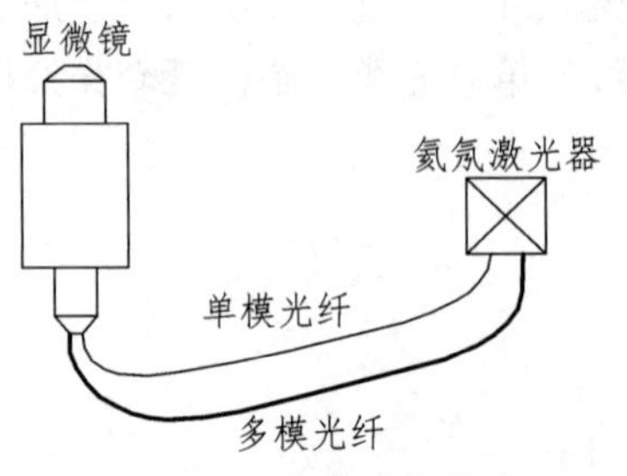

图 3.21　光纤结构观察

三、光纤的熔接

光纤接续可分为两大类，即固定接续和活动连接。固定接续又可分为熔接和非熔接接续。因为熔接的质量稳定，在综合布线系统中光纤的熔接多用在光纤配线架光缆与连接器的端接上。下面介绍使用 TYPE-35SE 光纤熔接机操作的熔接方法。

1. 光纤熔接机

TYPE-35SE 光纤熔接机的操作盘按键如图 3.22 所示。按键功能说明如表 3.1 所示，可进行各种方式选择、参数调整等。

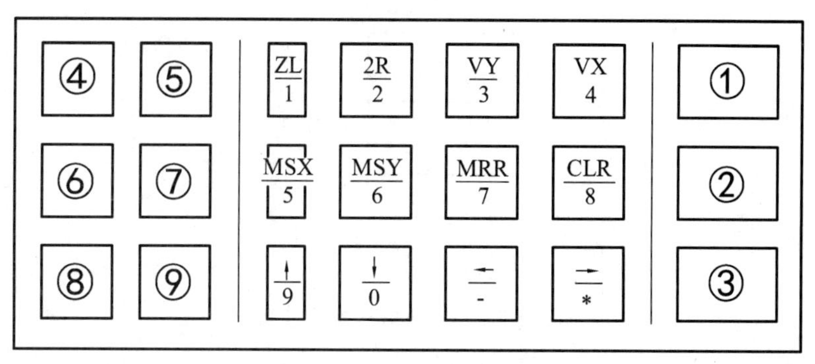

图 3.22 操作键盘功能

表 3.1 操作键盘说明

序号	按键名称	说　明
①	SET（设定）	按下此键，熔接机进入下一种状态
②	RESET（复原）	按下此键，熔接机回到初始状态或使动作停止
③	HEATER SET	按下此键，加热器工作，开始加热光纤保护套管，此时指示灯处于接通状态
④	SELECT（选择）	按下此键，带有“*”号的条件输入到存储器中，使显示屏画面变换到下一个页面
⑤	NEXT（下一个）	按下此键，回到前一个画面
⑥ ⑦	FOCUS UP/NOWN	按下此键，可上下变更焦点
⑧	FIELD CHANGE	按下此键，X、Y 轴方向画面可互相交换
⑨	ARC（电弧）	按下此键，可追加放电

2. 操作步骤

光纤熔接的操作步骤如图 3.23 所示。

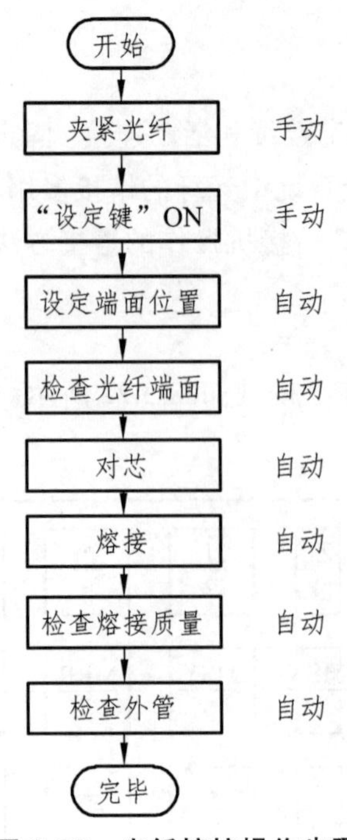

图 3.23 光纤熔接操作步骤

3. 选择自动熔接模式

（1）接通电源，选择打开熔接机自动模式。

（2）制作光纤端面（裸纤长 16 mm）。

（3）打开防风盖把光纤固定到 V 形槽中，关闭防风盖。

（4）按下 SET 键，熔接机开始以下自动接续过程：调间隔→调焦→清灰→端面检查→变换 Y→X→调焦→端面检查→对纤芯→变换 Y→X→调焦→对纤芯→熔接→检查→变换→检查→推定损耗。

（5）接头处评价。

注意接头处的影像是否有气泡、黑影、黑色粗线波纹、白线、模糊细线、污点或划伤等。

熔接过程还应及时清洁熔接机"V"形槽、电极、物镜、熔接室等，随时观察熔接中有无气泡、过细、过粗、虚熔、分离等不良现象，注意测试仪表跟踪监测结果。及时分析产生上述不良现象的原因，采取相应的改进措施。如多次出现虚熔现象，应检查熔接的两根光纤的材料、型号是否匹配，切刀和熔接机是否被灰尘污染，并检查电极氧化状况，若上述检查均无问题则应适当提高熔接电流来解决。

（6）裸纤补强。

按 RESET 键，取出光纤，套上补强套管，并置于加热器中，按下 HEATER SET 键，开始加热。等蜂鸣器叫时便可取出光纤。

4. 手动熔接

（1）制作光纤端面。

（2）接通熔接机，打开手动熔接模式。

若原来为自动熔接模式，则此时只要按“RESET”+“*”键，然后按“1”键，接着按“SELECT”键，再按“RESET”键即可。

（3）固定光纤。

（4）按“SET”键，开始运作接续过程。

按“ZL/ZR”键推进左右纤，按“VY/VX”键调整 X、Y 轴对准，按“MSX/MSY”键调整焦点位置。

（5）放电熔接，对纤和参数设置完毕后，按“ARC”键即可放电熔接。

（6）检查接线质量。

（7）裸纤补强。

四、裸纤熔接步骤

1. 开剥光缆

开剥光缆，并将光缆固定到盘纤架上。

2. 剥去光纤保护层并清洁光纤

用蘸有酒精的纱布或不起毛的棉布清洁光纤涂覆层（从光纤端面往里大约 100 mm）。如果光纤涂覆层上的灰尘或其他杂质进入光纤热缩管，操作完成后可能造成光纤的断裂或熔融。

3. 套光纤热缩管

将光纤从热缩管的热熔管中完全穿过。

4. 切割光纤端面（盖子、刀架、压纤板）（见图 3.24）

（1）掀开盖子和压板。

（2）把光纤放入载纤槽（注意，ϕ0.25 mm 光纤切割长度为 8 ~ 16 mm；ϕ0.9 mm 光纤切割长度为 14 mm）。

5. 在熔接机上放置光纤

（1）打开防风罩。

（2）打开左、右光纤压板。

（3）放置光纤于 V 形槽中，如图 3.25 所示。

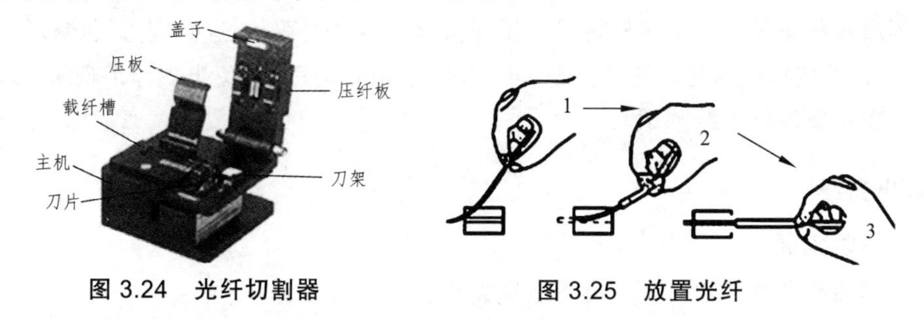

图 3.24　光纤切割器　　　图 3.25　放置光纤

检查：

① 将光纤放进熔接机时，确保光纤没有扭曲。

② 如果光纤由于记忆效应形成卷曲或弯曲，转动光纤使隆起的部分朝下（光纤向上翘曲）。

③ 必须防止光纤端面的损坏和污染。光纤端面接触任何物体，包括 V 形槽底部，都可能造成较低的接续质量。

（4）轻轻关闭光纤压板以压住光纤。

检查：

① 观察放置在 V 形槽中的光纤。光纤必须放入 V 形槽底部。如果没有放好，需取拿出重新放置。

② 光纤端面必须放置在 V 形槽前端和电极中心线之间。光纤端面不必精确地放置在中点，如图 3.26 所示。

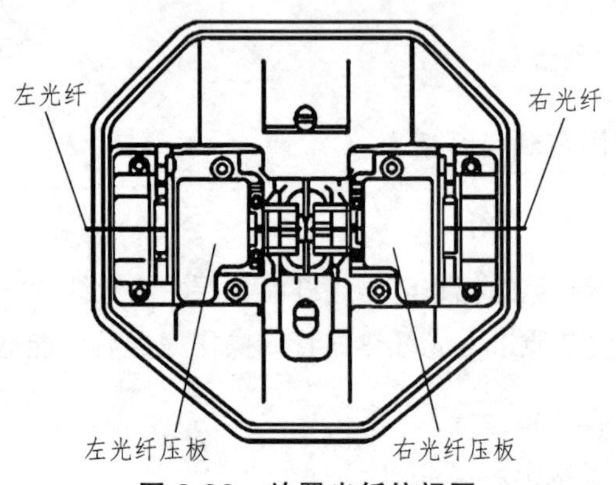

图 3.26　放置光纤俯视图

（5）以同样的方法安装第二根光纤，重复步骤（3）和（4）。

（6）轻轻地关闭左、右光纤压板。

（7）关闭防风罩。

6．熔接操作

（1）按“ENTER”键开始自动熔接程序，程序将自动向前移动左右光纤。完成电弧清洁放电后，光纤将停止在预先设定的位置。

注意：当光纤向前移动并且出现上下跳动时，可能是 V 形槽或光纤表面被污染。需清洁 V 形槽并重新制备光纤。

（2）当熔接状态异常，熔接机将显示错误信息“熔接失败”。这时应重新熔接。

注意： 在熔接前应对光纤进行测试，以选择适当的程序，避免出现异常现象。若出现异常现象时，需重新进行光纤测试。

7．取出光纤

（1）打开防风罩。

检查：加热器夹具必须打开，准备放置光纤和光纤热缩管。

（2）打开左光纤压板，用左手拿住光纤左端。

（3）打开右光纤压板，用右手拿住光纤右端。

（4）从熔接机中取出光纤。

8．熔接点的加固

（1）将光纤热缩管滑至溶解处的中心，并放入加热器槽。

检查：

① 确保熔接点和光纤热缩管在加热器中心。

② 确保加固金属体朝下放置。

③ 确保光纤无扭曲。

（2）拉紧光纤的同时，将光纤放低后放入加热器。左右加热器夹具将自动关闭。

（3）盖上加热器玻璃盖板。

检查：再次检查熔接点和光纤热缩管是否在加热器中心。

（4）按“加热”键，开始加热，加热完毕后，加热灯熄灭。

注意：要中断加热进程，按“加热”键。

（5）打开加热器夹具，拉紧光纤，轻轻地取出加固后熔接部分。

注意：有时热缩管可能黏在加热器底部。可使用棉签或同等柔软的尖状物体轻轻推出保护套。

9．熔接完后收存熔接机

（1）关闭电源，拔下有关电源线。

（2）清洁熔接机的关键部件。

【实验注意事项】

（1）处理裸光纤时应加倍小心，剥去涂覆层的光纤会刺伤皮肤，在光纤接续作业时废弃的光纤应收集在一起。

（2）熔纤时两条光缆松套管和纤芯的色谱要一一对应，不能出现错接。

（3）光纤熔接机由于型号不一样，在面板操作上有所不同。在实训之前要详细阅读说明书，熟悉操作要领后，才可以上机操作。好的熔接质量需要经验的积累。

【思考题】

（1）把单模光纤与多模光纤连接器的尾纤熔接后是否可用?

（2）光纤熔接后经检查有气泡、过细、过粗、虚熔、分离等不良现象，若已排除是熔接机设备引起的问题，试分析哪些现象需要适当提高熔接电流来解决，哪些现象需要适当减少熔接电流来解决。

实验九　综合布线系统测试

【实验目的】

（1）掌握超 5 类和 6 类布线系统的测试标准。

（2）掌握用 FLUKE DTX　1200 进行认证测试的方法。

【实验设备及器材】

（1）FLUKE DTX-1200 测试仪 1 台；

（2）多模光纤跳线 1 根，双绞线若干根。

【实验内容和步骤】

一、FLUKE DTX－1200 基本操作

1. 前面板

FLUKE DTX-1200 测试仪前面板如图 3.27 所示。

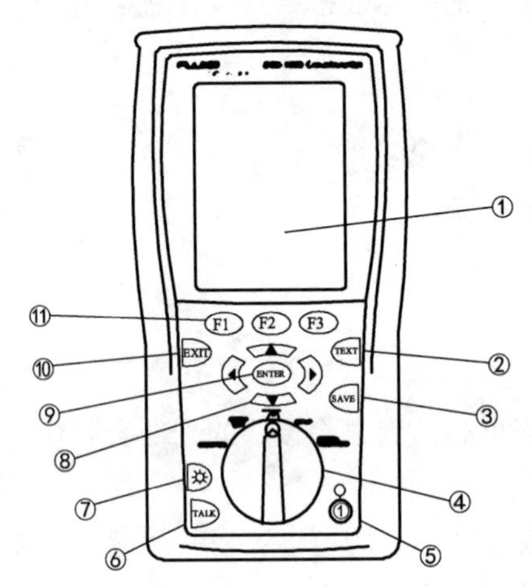

1—带有背光及可调整亮度的 LCD 显示屏幕；

2—测试：开始目前选定的测试。如果没有检测到智能远端，则启动双绞线布线的音频发生器。当两个测试仪均接妥后，即开始进行测试；

3—保存：将自动测试结果保存于内存中；

4—旋转开关：可选择测试仪的模式。MONITOR 为“监测”，SINGLETEST 为“单一测试”，AUTOTEST 为“自动测试”，SETUP 为“设置”，SPECIAL FUNCTIONS 为“特殊功能”；

5—开/关按键；

6—对话：按下此键可使用耳机来与链路另一端的用户对话；

7—按该键可在背照灯的明亮和暗淡设置之间切换。按住 1 秒钟来调整显示屏的对比度；

8—箭头键：可用于导览屏幕画面并递增或递减字母数字的值；

9—输入：“输入”键可从菜单内选择突显的项目；

10—退出：退出当前的屏幕画面而不保存更改。

注：F_1、F_2、F_3 软键提供与当前的屏幕画面有关的功能。功能显示于屏幕画面软键之上。

图 3.27　测试仪前面板

2. 设置语言、日期、时间、数字格式、长度单位等

操作步骤如下：

（1）将旋转开关转至 SETUP。

（2）使用“向下”键可突出显示列表最底部的仪器设置值，然后按“ENTER”键。

（3）使用“向左”及“向右”键来查找并突出显示列表最底部的选项卡 2 的语言，然后按“ENTER”键。

（4）用“向下”键来突出显示想要的语言，然后按“ENTER”键。

（5）使用箭头键和“ENTER”键在 Instrument Settings（仪表设置）下的标签 2、3 和 4 中查找并更改本地设置。

3. 链路接口适配器

链路接口适配器提供用于测试不同类型的双绞线 LAN 布线的插座及接口电路。测试仪提供的通道及永久链路接口适配器适用于测试至 6 类布线。可选的同轴适配器能够测试同轴电缆布线。

连接及拆卸适配器如图 3.28 所示。

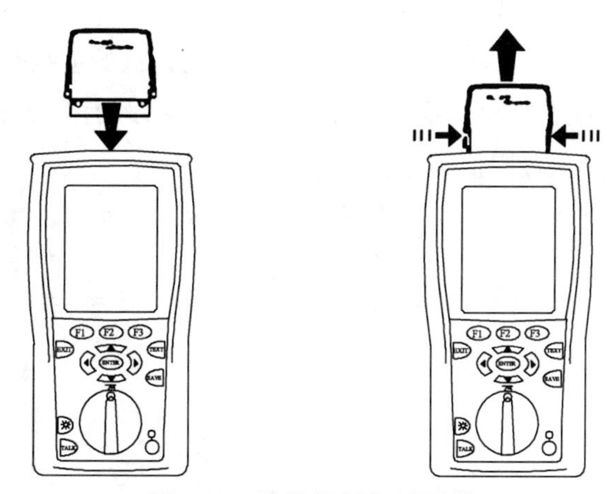

图 3.28 连接及拆卸适配器

4. 设置基准

操作步骤如下：

（1）连接永久链路及通道适配器，然后如图 3.29 所示进行连接。

（2）将旋转开关转至 SPECIAL FUNCTIONS，然后开启智能远端。

（3）突出显示设置基准，然后按“ENTER”键。如果同时连接了光缆模块及铜缆适配器，接下来旋转链路接口适配器。

（4）按下“TEXT”键。

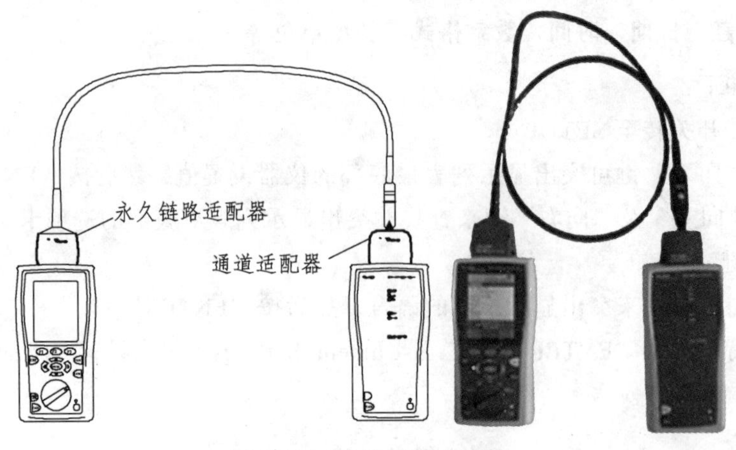

图 3.29　双绞线基准连接

二、双绞线的自动测试

（1）将适用于该任务的适配器连接到测试仪及智能远端。

（2）将旋转开关转至“设置”挡，然后选择双绞线。从双绞线选项卡中进行以下设置。

① 缆线类型：选择一个缆线类型列表，然后选择要测试的缆线类型。

② 测试极限：选择执行任务所需的测试极限值。屏幕画面会显示最近使用的 9 个极限值。按“F1”键来查看其他极限值列表。

（3）将旋转开关转至 AUTOTEST，然后开启智能远端，如图 3.30 所示连接永久链路。

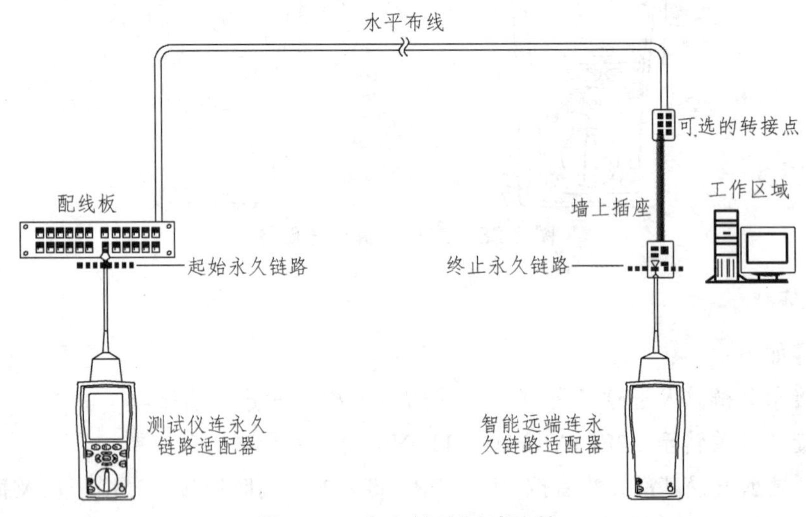

图 3.30　永久链路测试连接

（4）如果安装了光缆模块，可能需要按“F1”键，通过 CHANGE MEDIA(更改媒介)来选择 Twisted Pair（双绞线）作为媒介类型。

（5）按下测试仪或智能远端的“TEXT”键。若要随时停止测试，请按“EXIT”键。

技巧：按测试仪或智能远端的“TEXT”键可启动音频发生器，这样才能使用音频探测器。信号声也会激活连接布线另一端处于休眠状态或电源已关闭的测试仪。

（6）测试仪会在完成测试后显示“自动测试概要”。若要查看特定参数的测试结果，可使用上、下键来突出显示该参数，然后按“ENTER”键。

（7）如果自动测试失败，可按“F1”键显示“错误信息”来查看可能的失败原因。

（8）若要保存测试结果，需按下“ENTER”键。选择或建立一个缆线标识码，然后按“SAVE”键。

（9）查看测试结果。

若要查看保存的测试结果，应执行下面的步骤。

①将旋转开关转至 SPECIAL FUNCTIONS，然后选择查看/删除结果。

②如果需要，按“F1”键，通过更改资料夹来查找想要查看的测试结果。

③突出显示测试结果，然后按“ENTER”键。

（10）移动测试结果。

若要从内部存储器将所有结果移动或复制到内存卡，需将旋转开关转至 SPECIAL FUNCTIONS，选择移动/复制内部结果，然后选择一个选项。

① 移动到内存卡：将所有测试结果及其资料夹移到内存卡，并从内部存储器中删除所有结果。

② 复制到内存卡：将所有测试结果及其资料夹复制到内存卡。

③ 从内部存储器删除：从内部存储器中删除所有测试结果。

（11）删除测试结果。

若要删除测试结果或资料夹，需执行下面的步骤。

① 将旋转开关转至 SPECIAL FUNCTIONS，然后选择查看/删除结果。

② 如果需要，按“F1”键，通过更改资料夹来查找想删除的结果。

③ 执行下面其中一个步骤：

若要删除一个结果，突出显示该结果，按 F2 或 F3 键删除；

图 3.31 所示为双绞线布线自动测试概要结果。若要删除当前文件夹中的所有结果、当前文件夹或测试仪中的全部结果（内部内存），按 F2 键删除，然后选择适当选项。

（12）将测试结果上传至 PC。

① 在 PC 上安装最新版本的 LinkWare 软件。

② 开启测试仪。

③ 用附带的 USB 缆线或用从 Fluke Networks 购得的 DTX 串口缆线将测试仪连接至 PC。或将含有测试结果的内存卡插入 PC 的内存卡阅读器。

④ 启动 PC 的 LINKWARE 软件。

⑤ 单击 LINKWARE 软件工具栏的导入键，从列表中选择测试仪的型号，或者选择 PC 的内存卡或资料夹。

⑥ 选择要导入的数据记录，然后确定。

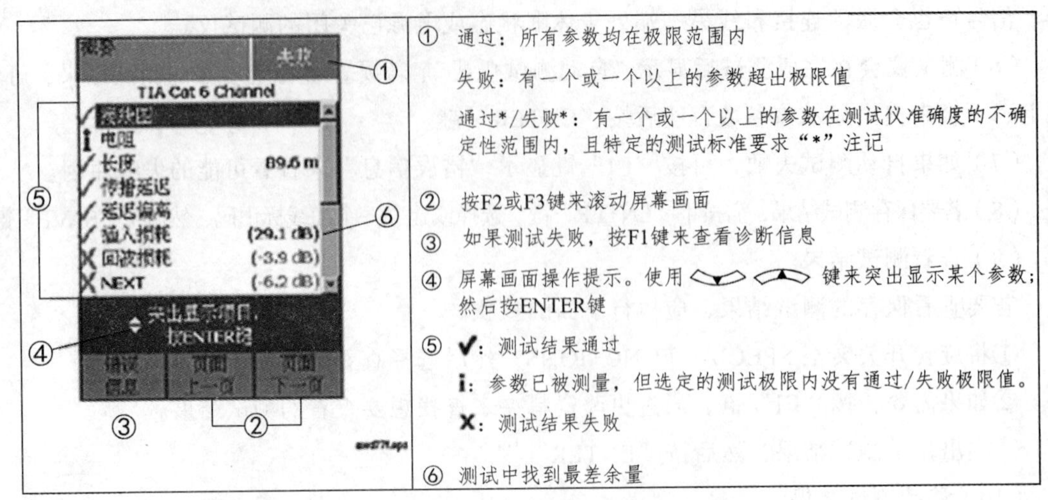

TIA Cat 6 Channel
长度 89.6 m
插入损耗 (29.1 dB)
回波损耗 (-3.9 dB)
NEXT (-6.2 dB)
① 通过：所有参数均在极限范围内
失败：有一个或一个以上的参数超出极限值
通过*/失败*：有一个或一个以上的参数在测试仪准确度的不确定性范围内，且特定的测试标准要求“*”注记
② 按F2或F3键来滚动屏幕画面
③ 如果测试失败，按F1键来查看诊断信息
④ 屏幕画面操作提示。使用 键来突出显示某个参数；然后按ENTER键
⑤ ✔：测试结果通过
i：参数已被测量，但选定的测试极限内没有通过/失败极限值。
X：测试结果失败
⑥ 测试中找到最差余量

图 3.31 双绞线布线自动测试概要结果

【实验注意事项】

（1）认清测试的线缆类型，超 5 类和 6 类线缆的参数是不一样的。

（2）认证测试过程中使用 FLUKE 产品作为测试设备。

（3）测试结果要保存，根据需要打印。

【思考题】

（1）如何测试 5 类双绞线?

（2）测试同轴电缆应如何设置?

实验十 光缆的测试

【实验目的】

DTX-MFM2、DTX-GFM2 和 DTX-SFM2 光缆模块可与 DTX 系列 CableAnalyzer 电缆分析仪配套使用，用于测试和认证光缆布线安装。光缆模块包含下列功能及特性：DTX-MFM2 可在 850 nm 和 1300 nm 波长下测试多模布线。DTX-SFM2 则可在 1310 nm 和 1550 nm 波长下测试单模布线。DTX-GFM2 具有一个 VCSEL 光源，可在 850 nm 和 1310 nm 波长条件下测试千兆以太网应用中的多模布线。

（1）每个模块可传输两种波长（850 nm 和 1300 nm，850 nm 和 1310 nm，1310 nm 和 1550 nm）。

（2）可互换的连接适配器可为大多数 SFF 小型连接器提供符合 ISO 标准的基准连接和测试连接。

（3）提供根据工业标准极限值的通过/失败测试结果。

（4）视频故障定位器可帮助找到断裂、弯曲及不良的拼接点，并可检查光缆的连通性和极性。

（5）FindFiber 有助于确立与确认光缆连接。

【实验设备及器材】

1. DTX-MFM2 多模光缆模块

（1）DTX-MFM2 光缆模块 2 个，用于在 850 nm 和 1300 nm 波长下进行测试。

（2）62.5/125 μm 多模基准测试线 2 根，2 m 长，SC/SC 接头。

（3）灰色心轴 2 个，用于带 3 mm 包覆层的 62.5 /125 μ m 光缆。

（4）DTX　MFM2/GFM2/SFM2 光缆模块用户手册。

（5）DTX CableAnalyzer 产品光盘。

（6）LinkWare 软件光盘。

2. DTX-GFM2 多模光缆模块

（1）DTX-GFM2 光缆模块 2 个，用于在 850 nm 和 1310 nm 波长下进行测试（用于千兆以太网）。

（2）50/125 μ m 多模基准测试线 2 根，2 m 长，SC/SC 接头。

（3）DTX-MFM2/GFM2/SFM2 光缆模块用户手册。

（4）DTX CableAnalyzer 产品光盘。

（5）LinkWare 软件光盘。

3. DTX-SFM2 单模光缆模块

（1）DTX-SFM2 光缆模块 2 个，用于在 1310 nm 和 1550 nm 波长下进行测试。

（2）9/125 μ m 单模基准测试线 2 根，2 m 长，SC/SC 接头。

（3）DTX-MFM2/GFM2/SFM2 光缆模块用户手册。

（4）DTX CableAnalyzer 产品光盘。

（5）LinkWare 软件光盘。

【实验内容和步骤】

一、安装与拆卸光缆模块

如图 3.32 所示接口安装与拆卸光缆模块。

注意：在连接或拆除模块前先将测试仪关闭。

二、物理特性

物理特性如图 3.33 所示。

① 为用于激活视频故障定位器(B)及输出端口(D)的按钮。

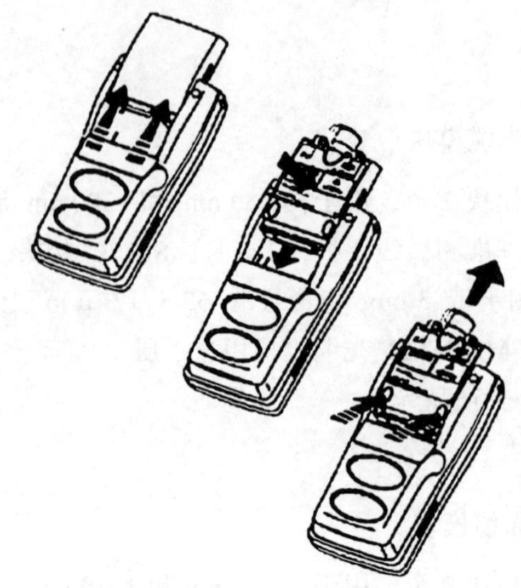

图 3.32　安装与拆卸光缆模块

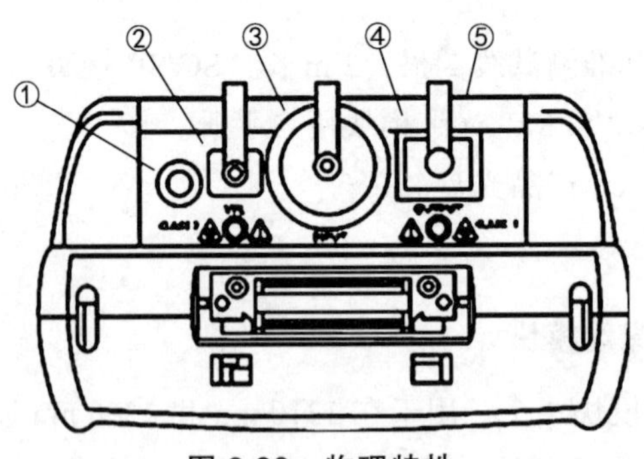

图 3.33　物理特性

② 为用于视频故障定位器输出端口的通用光缆连接器（有防尘罩）。连接器可接受 2.5 mm 套圈。连接器之下的 LED 指示灯说明定位器的模式（持续或闪烁）。

③ 为带防尘盖的输入端口连接器，适用于损耗、长度及功率测量的光学信号接收。可以根据被测光缆上的连接器类型更换连接适配器。

④ 为有防尘罩的 SC 输出端口连接器，适用于损耗及长度测量的光学信号传输。连接器下方的 LED 指示灯在输出端口传输模块的较短波长时亮红灯，传输较长的波长时亮绿灯。

⑤ 激光安全标签（右侧所示）。

三、安装连接适配器

操作步骤如下：

（1）找到光缆模块连接器上的槽口及适配器环上的键，如图 3.34 所示。

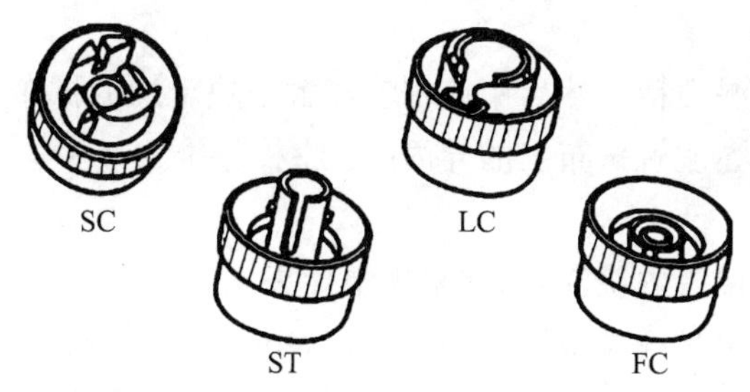

图 3.34　SC、ST、LC 和 FC 连接适配器

（2）握住适配器，使其不在螺母中转动，然后将适配器的键对准模块连接器的槽口，再将适配器滑入连接器。

（3）将螺母拧到模块连接器上，如图 3.35 所示。

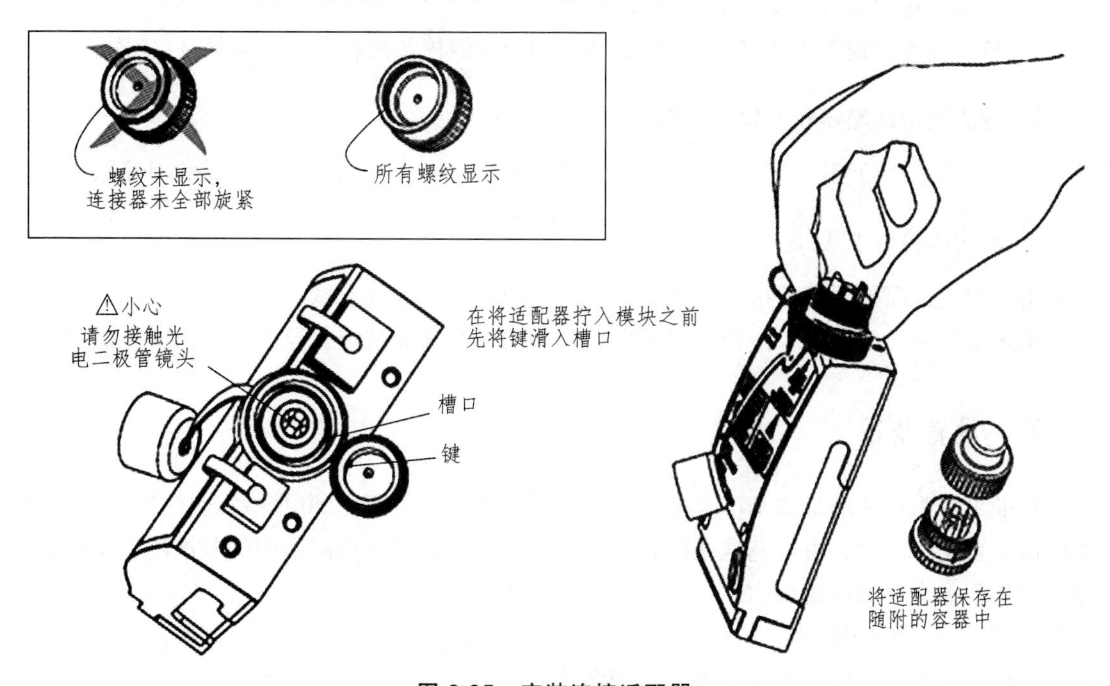

图 3.35　安装连接适配器

四、清洁程序

为了取得可靠的光缆测试结果，需遵循适当的清洁及基准设置程序，且在有些情况下，在测试期间还需使用心轴。

1. 清洁连接器及适配器

连接前须先清洁并检视光纤连接器。使用纯度 99%的异丙醇及光学拭布或棉签，依照下面的步骤来清洁连接器。

（1）清洁隔板连接器和光缆模块的输出连接器（使用 2.5 mm 泡沫棉签清洁测试仪的光学连接器）。

① 将泡沫棉签头醮湿酒精，然后用该棉签碰触一块干燥的拭布。

② 用新的干燥的棉签碰触拭布上的异丙醇。将棉签推入接头； 沿端面绕 3 ~ 5 圈，然后将棉签取出后丢弃。

③ 用干燥的棉签在接头内绕 3 ~ 5 圈来擦干接头。

④ 在进行连接前，用光纤显微镜（如 Fluke Networks Fiber Inspector 视频显微镜）检视连接器。定期用棉签及异丙醇清洁光缆适配器，使用前先用干燥的棉签擦干适配器。

用防尘盖或插头覆盖未使用的连接器。定期用棉花棒或拭布及异丙醇清洁防尘插头。

（2）清洁光缆模块的输入连接器（通常而言，仅在输入连接器被碰触之后才需要清洁）。

① 取下连接适配器，露出光电二极管镜头。

② 依照上述方法将棉签用酒精蘸湿。

③ 将湿棉签在镜头上旋转 3 ~ 5 圈，然后用干燥的棉签再在镜头上旋转 3 ~ 5 圈。

2. 清洁连接适配器和光缆适配器

定期用棉签和酒精清洁连接适配器和光缆适配器，使用前先将其用干燥的棉签擦干。

3. 清洁连接器端头

用棉签或蘸湿异丙醇的拭布擦拭套圈端头，用干燥的棉签或拭布擦干。

用防尘盖或插头覆盖未使用的连接器，定期用棉花棒或拭布及异丙醇清洁防尘插头。

五、设置基准

基准可作为损耗测量的基准电平。定期设置基准有助于察觉到电源及连接的完整性所产生的微小变化。同时，由于基准是测量的基本指标，设置基准期间所用的基准测试线和适配器的损耗不包含在测试结果中。

注意：开启测试仪及智能远端后，需等候 5 min，然后才能开始设置基准。如果模块使用前的保存温度高于或低于环境温度，则需等待更长时间使模块温度稳定。

在下面的情况下需要设置基准：

（1）每天开始测试前，使用当天要用的远端设置图（见图 3.36）来设置基准。

（2）重新将基准测试线连接到模块的输出端口或其他信号源时。

（3）测试仪警告基准值已过期时。

（4）测量时出现负损耗时（更多信息参见技术参考手册）。

（5）更换测试仪或智能远端的光缆模块时。

（6）用不同的远端测试仪开始测试时。

（7）更改“设置”中的测试方法时。

（8）设置基准超过 24 h。

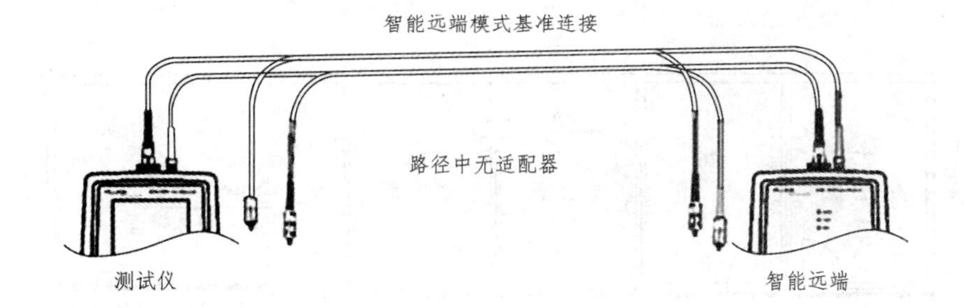

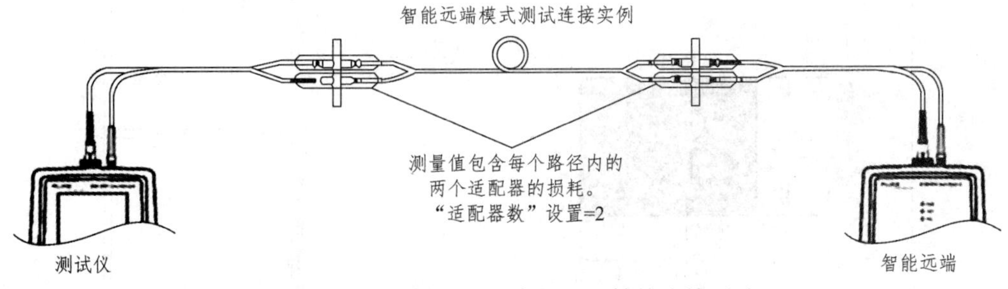

图 3.36　以单模为例，未使用心轴的连接测试

【实验注意事项】

（1）处理光纤时应加倍小心。
（2）测试前应弄清测试的光纤的具体型号。
（3）严格按照要求做好光纤接头的清洁。

【思考题】

（1）如果测试时光纤接头没有清洁干净，会导致什么后果?
（2）多模光纤与单模光纤的区别在哪里?

实验十一　使用 Visio 绘制布线图

【实验目的】

（1）学会使用 Visio 绘制网络布线的系统拓扑图。
（2）学会使用 Visio 绘制楼层信息点平面分布图。

【实验设备及器材】

计算机 1 台、微软 Visio 2010 软件。

【实验内容和步骤】

（1）使用 Visio 绘制楼层信息点平面分布图，如图 3.37 所示。

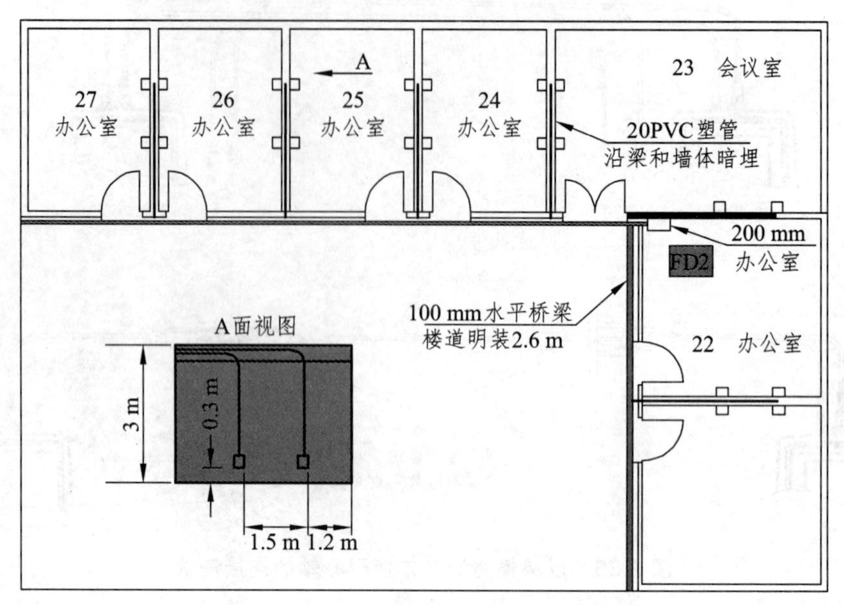

图 3.37 Visio 软件绘制的土建建筑平面图

（2）使用 Visio 绘制网络布线的系统拓扑图，如图 3.38 所示。

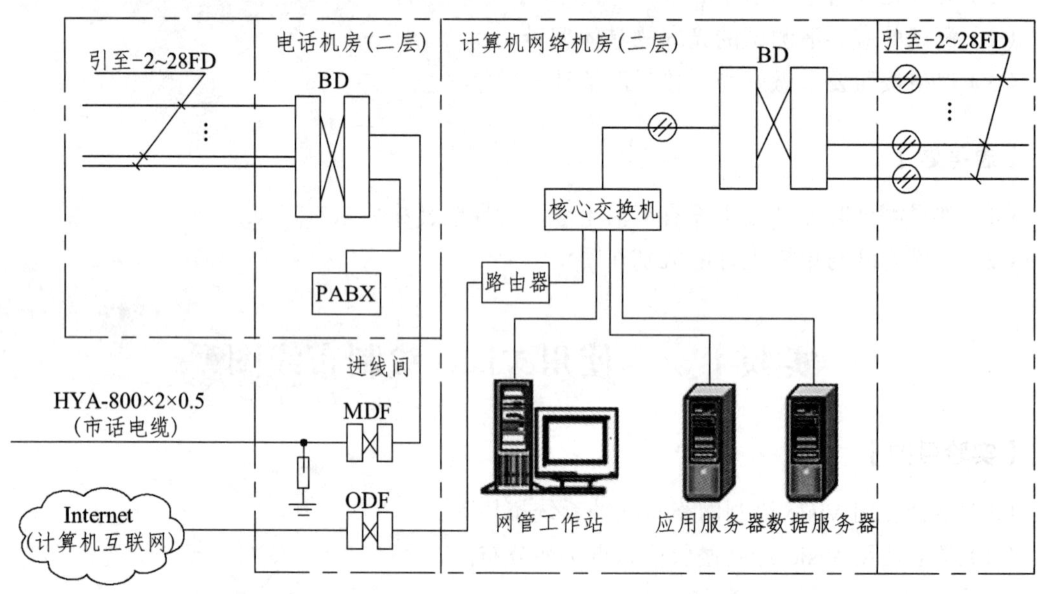

注：1. 平面图参见第6-7~6-18页。
2. 综合布线系统的计算及配置参见第7-9~7-15页。
3. 由BD至各LIU光缆上标注的数字为6芯光缆的根数，光缆采用多模光缆。
4. BD至-1~28FD的电缆采用3类25对的大对数电缆，电缆上标准的数字为电缆的根数。
5. FD至CP的电缆多采用6类4对对绞电缆支持语音和数据，电缆上标注数字为4对对绞电缆的根数。
6. 路由器可以不设，接入速率与以太网端口速率一致。

图 3.38 Visio 软件绘制的网络布线系统图

（3）使用 Visio 软件绘制弱电平面图，如图 3.39 所示。

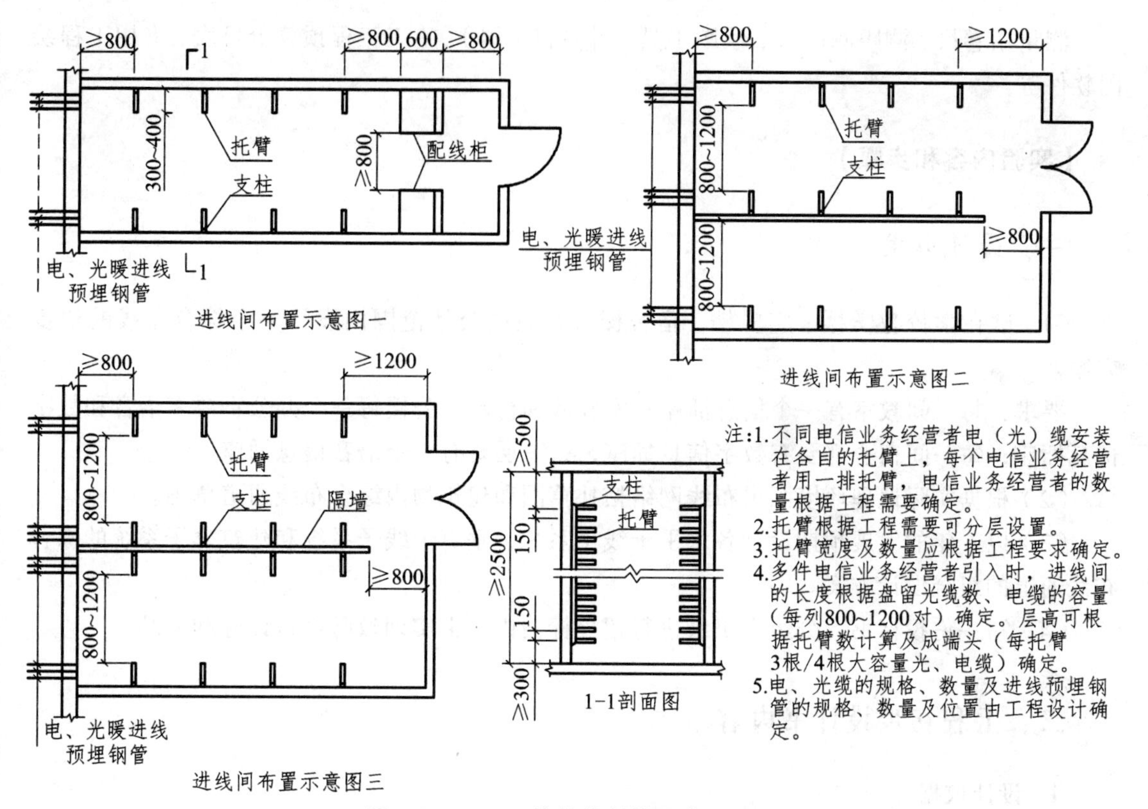

图 3.39　Visio 软件绘制的弱电平面图

【实验注意事项】

（1）严格审视绘图要求。

（2）看清数据。

（3）图标不能少。

【思考题】

（1）如何将建筑施工图与拓扑图相结合？

（2）根据拓扑图如何改动施工图纸？

实验十二　综合布线系统的方案的设计与投标制作

【实验目的】

（1）学习根据实地具体环境给定的要求做出综合布线的初步设计方案。

（2）学会综合布线工程招投标文稿的写作方法。

【实验设备及器材】

测量用卷尺、测距测高仪、绘图工具、计算机（器）、施工工程预算价目表、专用工程绘图软件等。

【实验内容和步骤】

一、设计要求

（1）试在学校教学楼、实验楼、宿舍楼及行政办公楼范围内设计一个综合布线的初步方案。

要求：每一间教室有一个信息插座；实验楼和行政办公楼每一个办公室要有语音和数字信息插座；每一间宿舍都要有数字信息插座，每一层要有一个语音信息插座。

（2）根据实际地理环境画出布线网络拓扑草图和建筑物内综合布线通道草图。

（3）以 5 年的发展预期设计各水平干线子系统、垂直干线子系统和建筑群子系统的综合布线通道的组合设计方案。

（4）写一份投标书，分组在班级进行招投标演讲。由实训教师进行评标和总结。

二、工程初步设计书内容

1. 设计依据

（1）设计标准。

（2）安装与设计规范。

（3）安装与设计环境。

（4）设计目标、原则及指标。

2. 结构化布线设计方案

（1）工程基本情况。

（2）教学楼管线设计。

（3）行政办公楼管线设计。

（4）实验楼管线设计。

（5）宿舍楼管线设计。

（6）信息点分布统计。

3. 系统组成及选件

（1）工作区信息点出口设计。

（2）主配线间（MDF）设计。

（3）楼层配线间（IDF）设计。

（4）预留主干接口设计。
（5）管、线选型方案。

4. 布线网络拓扑草图和建筑物内综合布线通道草图

5. 材料表

三、工程项目投标书内容

投标是与招标相对应的。投标书是投标人按招标人的要求具体向招标人提出订立合同的建议，是提供给招标人的备选方案。投标书包括下列内容。

（1）标题。投标书标题正中写明“投标申请书”“投标答辩书”或“投标书”即可。

（2）正文。投标书正文由开头和主体组成。

（3）开头。写明投标的依据和主导思想。

（4）主体。应分析招标人须知、合同条件、设计图纸、工程量、技术措施方案、施工计划，做好工程报价。内容应具体、完整、全面地表述出来，力求论证严密、层次清晰、文字简练。

（5）落款，写明投标单位(或个人)的名称和投标日期。

投标书的写作，要求实事求是、具体清晰、准确准时。

四、工程项目的招投标介绍

1. 综合布线的投标过程

1）工程项目招投标概述

工程项目招投标是指业主对自愿参加工程项目的投标人进行审查、评议和选定的过程。业主对项目的建设地点、规模容量、质量要求和工程进度等予以明确后，向社会公开招标或邀请招标，承包商则根据业主的需求投资。

业主再根据投标人的技术方案、工程报价、技术水平、人员的组成及素质、施工能力和措施、工程经验、企业财务及信誉等进行综合评价、全面分析，择优选择中标人后与其签订承包合同。

综合布线系统工程招投标可以为建筑弱电系统总承包项目中的一个子系统；也可作为一个独立的专项工程承包，其内容主要包括设计和施工的招投标工作。

2）工程项目的招标

对于综合布线系统工程的总承包招标要求，企业应同时具备工程的设计与施工的能力，当然对于施工部分也可根据工程规模的大小由施工企业单独实施。

工程项目的招标又可分为公开招标和邀请招标两种方式。公开招标由招标单位发布招标广告，只要有意投标的承包商都可购买招标文件、参加资格审查和进行投标工作，因此招标的工作量较大并且复杂，较适用于工程规模较大的项目。邀请招标则是业主根据对市场的了解，针对有能力的3个以上企业发布招标邀请。

采取任何一种招标方式，业主都必须按照规定的程序进行招标，要制定统一的招标文件，投标也必须按照招标文件的规定进行。

工程项目的招标单位应是具备招标条件的建设单位或委托具有相应资质的咨询、监理单位代理招标。

招标的程序包括建设项目的报建、编制招标文件、投标人资格预审、发放招标文件、开标、评标与定标、签订合同共7个步骤。

招标文件的编制内容和要求，建设单位可以按照建设部、相关行业及地方政府的相关规定进行，不再详述。

2. 工程项目的投标

1）概述

（1）投标人及其条件。

投标人是响应招标、参加投标竞争的法人或其他组织。

① 投标人应具备规定的资格条件，证明文件应以原件或招标单位盖章后生效，具体可包括如下内容：

投标单位的企业法人营业执照；

系统集成授权证书；

专项工程设计证书；

施工资格证；

ISO 9000系列质量保证体系认证证书；

高新技术企业资质证书；

金融机构出具的财务评审报告；

产品厂家授权的分销或代理证书；

产品鉴定入网证书。

② 投标人应按照招标文件的具体要求编制投标文件，并做出实质性的响应。投标文件中应包括项目负责人及技术人员的职责、简历、业绩和证明文件，以及项目的施工器械设备配置情况等。

③ 投标文件应在招标文件要求提交的截止日期前送达投标地点，在截止日期前可以修改、补充或撤回所提交的投标文件。

④ 两个或两个以上的法人可以组成一个联合体，以一个投标人的身份共同投标。

（2）投标的组织。

工程投标的组织工作应由专门的机构和人员负责，其组成可以包括项目负责人，管理、技术、施工等方面的专业人员。投标人应充分体现出自身的技术、经验、实力、信誉及组织管理水平。

（3）工程的联合承包。

较大的和技术复杂的工程可以由几家工程公司联合承包，应体现强强联合的优势，并做好相互间的协调与计划。

2）投标内容

投标可以包括从填写资格预审表至将正式投标文件交付业主为止的全部工作。这里重点介绍以下两项工作。

（1）工程项目的现场考察。

工程项目的现场考察是投标前的一项重要准备工作。在现场考察前对招标文件中所提出的范围、条款、建筑设计图纸和说明应认真阅读、仔细研究。现场考察应重点调查了解以下情况：

① 建筑物施工情况。

② 工地及周边的环境、电力等情况。

③ 本工程与其他工程间的关系。

④ 工地附近的住宿及加工条件。

（2）分析招标文件，校核工程量，编制施工计划。

① 招标文件是投标的主要依据，研究招标文件重点应考虑以下方面：

投标人须知；

合同条件；

设计图纸；

工程量。

② 工程量确定。

投标人根据工程规模核准工程量，并作询价与市场调查，这对于工程的总造价影响较大。

③ 编制施工计划。

施工计划一般包括施工方案和施工方法、施工进度、劳动力计划，其制订原则是在保证工程质量与工期的前提下，降低成本和增长利润。

3. 综合布线投标书的书写

书写综合布线投标书的一般格式如下。

第 1 章设计依据及原则

1.1 设计依据

1.2 设计原则

第 2 章综合布线系统

2.1 系统介绍

2.2 系统设计必要性

2.3 需求分析

2.4 系统设计

第 3 章工程实施

3.1 施工依据

3.2 施工方案

3.3 工程进度计划
3.4 工程质量
第 4 章工程质量承诺书
第 5 章系统培训
第 6 章系统移交
第 7 章售后服务计划
7.1 技术支持
7.2 质量保证

其中第 2 章的需求分析、系统设计，以及第 3 章要根据工地的实际情况定。

【实验注意事项】

设计方案不能完全虚构，应该在实验一的基础上完成。实验指导老师为招标方，提出主要要求，由参加实验的同学准备投标材料初步设计方案，再由全班同学分组进行评标。

【思考题】

招标和投标的内容在实质上有什么不同?

参考文献

[1] 胡胜红，陈中举，周明. 网络工程原理与实践教程[M]. 3 版. 北京：人民邮电出版社，2013.

[2] 温卫，赵国芳，胡中栋. 综合布线系统与网络组建[M]. 北京：清华大学出版社，2012.

[3] 新华三大学. 路由交换技术详解与实践第 1 卷（上册）[M]. 北京：清华大学出版社，2017.

[4] 新华三大学. 路由交换技术详解与实践第 1 卷（下册）[M]. 北京：清华大学出版社，2017.

[5] 刘晓辉. Windows Server 2003 服务器搭建、配置与管理[M]. 北京：中国水利水电出版社，2007.

[6] 陆魁军，等. 计算机网络工程实践教程——基于华为路由器和交换机[M]. 北京：清华大学出版社，2005.

[7] 夏靖波，杜华桦. 网络工程设计与实践[M]. 3 版. 西安：西安电子科技大学出版社.

[8] 陈鸣，李兵. 网络工程设计教程：系统集成方法[M]. 3 版. 北京：机械工业出版社.

[9] 陈光辉，黎连业，王萍，等. 网络综合布线系统与施工技术[M]. 5 版. 北京：机械工业出版社.